U0036255

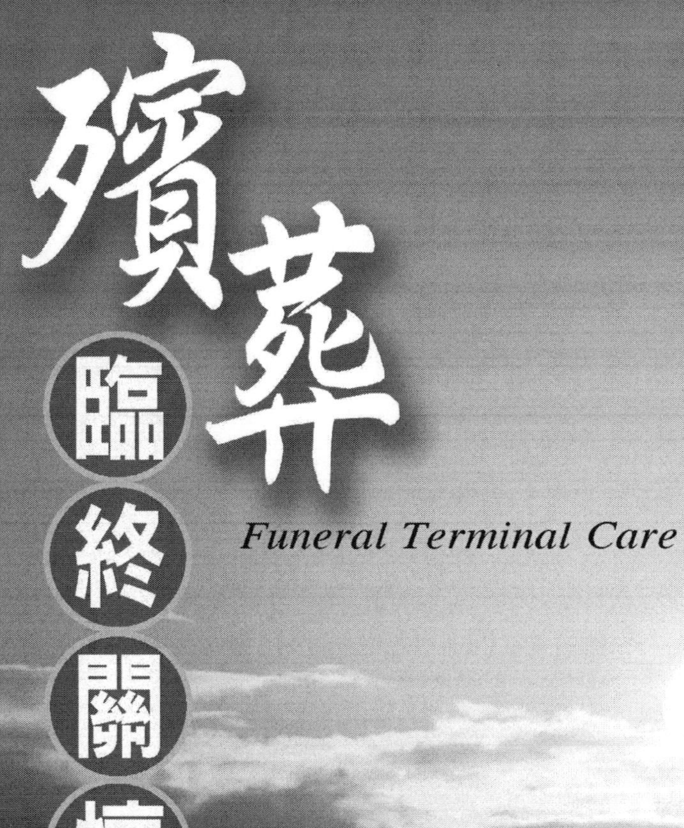

殯葬臨終關懷

Funeral Terminal Care

作者—尉遲淦

中華殯葬教育學會·中華生死學會 主編　　中華民國葬儀商業同業公會全國聯合會 協力

出版緣起

人生不脫生老病死，替人們料理後事的殯葬業乃民生所必需。為提升殯葬業的服務品質，並改善世人對於殯葬的成見，勢必要大力推動殯葬改革，而其中最重要的一環便是殯葬教育。在臺灣，有系統的殯葬教育始於一九九九年初，南華管理學院所設置的「殯葬管理研習班」；同年秋天，「中華殯葬教育學會」在這個研習班的基礎上創立。無獨有偶地，海峽對岸的長沙民政學校也在這一年升格為長沙民政職業技術學院，並將高職層次的「殯儀技術與管理專業」，提升至大專層次的「殯儀系」。此外，大陸與臺灣先後於一九九七年及二〇〇二年頒布同名的法案〈殯葬管理條例〉，可說象徵著改革契機的出現。上述這一切變化都發生在過去十年之內，反映了華人世界的殯葬改革正方興未艾。

背負著改革成敗責任的教育實踐，需要有扎實的學問知識做基礎。當我們看見上海殯葬文化研究所於二〇〇四年底策劃出版一套十二冊「殯葬學科叢書」，以提供高等院校的殯葬專業教材，便激發出起而效尤的決心。適逢內政部有意在大專院校推行設置殯葬專業二十學分班，當作檢覈禮儀師證書的教育訓練必備條件。為順應此一趨勢，空中大學已規劃在附設的空中專科學校成立「生命事業管理科」。倘若順利推展，空專生管科將是臺灣第一所完全為培育殯葬專業人才而設立的大專層級正規科系；畢業生可獲頒副學士學位，未來更得以考授禮儀師證照。

總體來看，殯葬教育撥雲見日的時機已經到來，中華殯葬教育學會很高興能夠跟中華生死學會、中華民國葬儀商業同業公會全

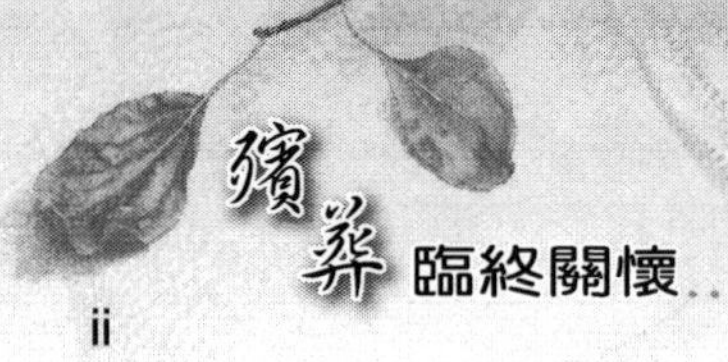

國聯合會兩大團體合作，並在威仕曼文化事業公司總經理葉忠賢先生、總編輯閻富萍小姐的全力支持下，集思廣益著手編輯一套「生命事業管理叢書」，作為今後推動殯葬專業教育的核心教材。希望我們的持續努力，能夠為華人「慎終追遠」的文化傳承做出貢獻。

鈕則誠
銘傳大學教育研究所
中華殯葬教育學會

自 序

對我而言，這本書的創作是一個漫長的過程，也是一個煎熬的過程。開始動手撰寫這本書是在三年前。那時，我還在輔英科技大學擔任進修推廣部的主任，每天晚上在巡視完校園之後，利用空檔撰寫，本來以為一切都會很順利，沒想到寫到第五章後，突然插進其他事情。從此以後，這本書的撰寫就開始流離失所。到了今年，每次上華梵大學的推廣教育學分班有關殯葬的課程時，同學都會問我殯葬的臨終關懷什麼時候要出。基於這樣的壓力，自己也覺得時機已經成熟，似乎不應該再拖下去了。於是，決定破釜沉舟完成這件事情。當今年暑假來臨時，我就為自己立下一個誓言：這個暑假務必完成這本書的寫作。而今，我終於寫完了，也了了多年來的一樁心願。

記得當年，我的多年好兄弟鈕則誠教授，約我到揚智公司，找當時的總編閻富萍小姐討論一些書籍撰寫的合作案。在言談當中，閻總編與鈕教授提到撰寫書籍希望的方向，當時我就承諾《殯葬臨終關懷》一書的撰寫，就這樣，我投入一本不同於一般臨終關懷書籍的寫作歷程。這本書之所以特別，是因為一般臨終關懷的書籍都是從安寧緩和醫療的角度下筆，而這本書則從殯葬的角度。對一般人而言，他們很難分辨這樣的不同有什麼樣的意義；但是，如果我們真的深入瞭解，就會知道一般的臨終關懷對於死後的處理是不夠的。實際上，我們對於善終的要求不只是生前的部分，也要求死後的部分。所以，我們認為這一本書的撰寫，除了可以補一般臨終關

懷的不足，也可以讓現有的殯葬服務進入一個較深的人性課題，滿足一般人對於生死的需求。

這本書雖然經過三年歲月的撰寫，但是這樣長期的努力與堅持卻很值得。因為，時間的長讓我們的思考也變長。通過長期的醞釀，我們對於「殯葬臨終關懷」想法更加成熟，也更能洞徹這個新興的領域。在這個長期抗戰的過程中，我要感謝許多人的協助。沒有他們，這本書不知還要拖多久。首先，我要感謝閻總編的耐心，沒有她的耐心等待，我這本書是出不來的；其次，我要感謝阮俊中與王思方夫婦，沒有他們長期的催促，也不會有這本書；最後，我要感謝我的太太林慧婉女士以及我的家人，沒有她們的支持與諒解，我這本書不知還要拖到哪一年才能完成。此外，對於參與這本書所有編輯與校對工作的人，尤其是李鳳三小姐，我也要一併致上感謝之意，謝謝您們的辛勞。

尉遲淦
二〇〇九年九月六日

目 錄

出版緣起 i
自 序 iii

緒 論 1

第一章 臨終關懷的緣起、意義與功能 3

第一節 臨終關懷的必要性 4
第二節 臨終關懷的意義與內容 8
第三節 臨終關懷在殯葬服務中的地位 11
第四節 臨終關懷在殯葬服務中的功能 14

本 論 23

第二章 傳統的殯葬服務 25

第一節 傳統殯葬業的處境 26
第二節 傳統殯葬業者的作為 29
第三節 傳統殯葬服務的模式 33
第四節 傳統殯葬服務模式的省思 39

第三章　現代的殯葬服務　47

第一節　現代殯葬業的處境　48
第二節　現代殯葬業者的作為　53
第三節　現代殯葬服務的模式　58
第四節　現代殯葬服務有待解決的一些問題　63

第四章　殯葬服務中臨終關懷出現的契機　71

第一節　殯葬服務的現代處境　72
第二節　生前契約的出現　76
第三節　生前契約的意義　80
第四節　生前契約的功能　85

第五章　傳統的臨終關懷　93

第一節　傳統臨終關懷的存在　94
第二節　傳統臨終關懷所要解決的問題　98
第三節　傳統臨終關懷的作為　102
第四節　傳統臨終關懷的消失　110

第六章　現代的臨終關懷　117

第一節　現代臨終關懷的出現　118
第二節　現代臨終關懷想要解決的問題　123
第三節　現代臨終關懷的作為　128
第四節　現代臨終關懷所遭遇的問題　134

第七章　殯葬的臨終關懷　143
第一節　殯葬臨終關懷的出現　144
第二節　殯葬臨終關懷想要面對的問題　148
第三節　殯葬臨終關懷的作為　155

第八章　與殯葬服務有關的幾個臨終關懷實例　167
第一節　因病臨終的應對方法　168
第二節　由醫院返家臨終的應對方法　177
第三節　一般臨終的應對方法　185

第九章　臨終關懷的未來趨勢　199
第一節　從生前善終到死後善終　200
第二節　從傳統禮俗到殯葬自主　204
第三節　從死後服務到生前服務　208

參考文獻　217

緒　論

臨終關懷的緣起、意義與功能

第一節　臨終關懷的必要性

古代的人或許不知道人類必死的命運，但是在歷史的累積過程中，人們逐漸肯定這個無法否認的事實。對人們而言，雖然大家都希望人類有機會逃脫必死的命運，然而無論採取何種作為，至今我們還沒有見過任何人逃離死亡的魔掌。因此，在這種經驗的必然性中，我們形成了人類必死的共識[1]。

雖然我們都知道人類必死的命運，可是在面對這個命運時，人類卻又採取互不相同的策略。例如有的人會採取積極逃避的策略，彷彿死亡從來不曾存在似的；有的人會採取消極逃避的策略，認為死亡雖然存在，但是不會在可預期的時間內出現；有的人則採取不同於前面兩者的策略，認為死亡是無法逃避的，但是又不知如何坦然面對，只好帶著恐懼害怕的心情消極面對；有的人則不同於上述三者，採取積極面對的策略，認為死亡既不可免，害怕又無用，倒不如透過正確的認識坦然面對[2]。

從上述的不同因應策略來看，我們不禁會興起一個疑問：如果死亡是人類的既定命運，那麼為什麼人類還會有不同的因應策略呢？的確，在一般的作法下，對於一個無法否認的事實，我們會採取相同的因應策略。現在，我們之所以能夠採取不同的因應策略，主要有幾個因素：第一、死亡的出現是不定的；第二、一旦體會到死亡就已經成為死人，無法重新來過；第三、受到不同社會文化因素的影響與形塑。

就第一個因素而言，我們發現死亡的事實不同於一般的事實。從一般的事實來看，它通常指的是已經發生過的事情，對於一個已經發生過的事情而言，它既不能否認，也無法予以改變。唯一能做的事情，就是承認它。不過，這種既成的情形與死亡的事實不同。就死亡而言，它雖然也是個事實，卻是個尚未發生的事實。既然尚未發生，就表示這個事實還有改變的可能。因此，讓人們誤以為死亡是可以抗拒的，但是，根據它發生的狀況，死亡卻又是無法逃避的。所以，人們最後不得不接受這樣的命運。由此可見，死亡這個事實是帶著尚未完成、等待完成、一定會完成的特質，與一般事實的已經完成的特質是很不同的[3]。

就第二個因素而言，我們發現死亡的另一個特質，就是死亡的一次性。對一般的事情而言，如果我們發現自己做錯了，那麼還有補救的機會。例如考試考不好，這一次已經沒有機會，但是在下一次的考試中，只要我好好努力，還是可以彌補這一次的失敗，可是，死亡的情形不同。對一個人而言，我們不能說這一次沒有死好，只要我好好準備，下一次死好就好了。事實上，一個人只要死了就死了，沒有什麼這一次或下一次的。換句話說，人的死亡只有一次。雖然，有的人會說有過瀕死經驗的人不只死一次。實際上，我們如果深入探究，就會發現有過瀕死經驗的人還是只有一次死亡。因為，他的瀕死經驗只是讓他接近死亡，並沒有讓他進入死亡，成為真正的死人。另外，有的人可能會舉佛教的例子，認為輪迴可以為我們帶來多次死亡，這樣死亡就不只一次了。事實上，佛教的輪迴告訴我們的是，如果生命有很多次，那麼死亡也應該有很多次，因為每一次生命都有相應的每一次死亡，這就表示，生命無論有幾次，每一次的生命還是只有一次死亡。

就第三個因素而言，我們發現死亡的面對與否，會受到相關社會文化因素的影響。對一般人而言，他本身既沒有死亡的經驗，也沒有面對死亡的經驗。在求學過程中，學校教育也沒有特別針對死亡的課題做一較完整的介紹[4]，因此，我們對於死亡的看法，主要來自社會文化中的氛圍與觀點。如果一個社會文化屬於較能接受死亡的觀點，那麼我們就較能正面地去面對死亡。例如在基督宗教的國家中，一般認為死亡是回歸上帝的懷抱，是屬於上帝賜給人們的恩寵。在這樣的觀點薰陶下，這個國家的人民通常對死亡就會採取比較正面的看法。如果一個社會文化屬於較不能接受死亡的觀點，那麼我們就很難正面地去面對死亡。例如像我們成長的社會，一般都很強調死亡的禁忌，認為死亡是對人類的一種懲罰。這時，我們對死亡就很難形成正面面對的看法[5]。

在瞭解上述不同因應策略形成的因素以後，我們接著會產生哪一種因應策略較為合宜的問題。對一般人而言，他可能會認為不去面對死亡的策略會優於去面對死亡的策略。他之所以會有這樣的判斷，是因為他認為活著才是生命的一切，除了活著以外，他不知道還有什麼方法可以肯定生命。在這樣的思考下，死亡代表著生命的結束，為了避免生命結束所帶來的一切幻滅，我們只有把一切的機會歸給活著的生命。

問題是，這種不面對的策略是否真的解決了死亡的問題？就算我們將一切的機會歸給了活著的生命，但是在死亡來臨時，這些機會不也是都化為烏有，與不存在沒有不同。不過，有人可能會說，即使真的如此，好歹我們也算曾經活過，總比什麼都沒做來得好些。表面看來，這樣的說法並沒有錯，的確好好珍惜生命是要較浪費生命來得有價值。可是，這種說法忽略了一個問題，那就是無論我們怎麼珍惜或浪費生命，死亡並沒有幫我們解決生命面臨死亡所產生的問題。換句話說，不去面對死亡的結果，就是讓生命在問題中逝去。對一個負責任的人而言，這種帶著問題死去的方式不是他能真心接受的方式。此外，如果死亡不代表生命的完全結束，而有另外一生的可能，那麼這些沒有解決的問題就會進一步影響他的來世。對於這樣的結果，他願意心甘情願的接受嗎？

由此可見，不去面對死亡的策略未必就優於去面對死亡的策略。一個人如果真的採取面對死亡的策略，起碼他可以避免上述困擾的發生，讓自己活得好一些，也死得好一些。例如在生命活著的每一天，他都會認真的把這一天好好地過完，認為這一天可能是生命的最後一天。這一種今日事今日畢的作法，讓他在面對死亡時，不會因為死亡來臨，而覺得生命還有什麼沒有做完的事情，以至於覺得愧疚或遺憾。又如對於死亡所產生的一些問題，像身後事的交代等，他就可以事先自行規劃自己的喪禮，讓家人清楚為何自己要如此規劃，這樣就可以在家人的協同下完成自己的喪禮，不至於為家人帶來不必要的困擾，同時也有助於減輕他們的悲傷。另外，像死後生命的問題，我們就可以在自己的自覺下清楚抉擇自己的去處，並進一步讓家人瞭解自己的想法，這樣在自己死後，家人就不用擔心我們的去處。

從上述的探討可知，當死亡問題出現時，我們選擇何種因應策略是一件很重要的事。因為，如果我們選擇錯誤的話，那麼有關死亡所衍生出來的問題就無法得到較為妥善的處置。相反地，如果我們有了正確的選擇，那麼有關死亡所衍生出來的問題就能得到較為妥善的處置。對於這種處置的正確與否，傳統文化給予一種價值判斷。倘若處置正確的話，傳統文化認為這樣的作法足以安頓個人的生死，就把這種處置的結果稱為善終；倘若處置不正確的話，傳統文化認為這樣的作法不足以安頓個人的生死，就不把這種處置的結果稱為善終。因此，善終與否就成為一個人死得好不好的標準。現在，假如我們希望自己死得好一點，那麼只是訴諸面對死亡的自然本能，顯然是很難達成這個目標。所以，為了瞭解怎樣面對死亡才是正確的，怎樣死才算是死得善終，我們需要瞭解如何達到善終的知識。

過去對於這種如何達到善終的知識，我們並沒有一個特別的名稱。現在，在西方安寧緩和醫療的影響下，我們將這種知識稱為臨終關懷的知識。一個人如果將這種知識應用在臨終者身上，我們就將這種知識的應用稱為臨終關懷。表面看來，臨終關懷與臨終關懷的知識不同。不過，由於臨終關懷的知識之所以存在，主要是為了臨終關懷的需要，因此臨終關懷的知識也可以稱為臨終關懷，表示兩者關係的密切性與一體性。

第二節　臨終關懷的意義與內容

根據上述的探討，我們知道臨終關懷的目的在於滿足人們對於善終的需求，希望藉著臨終關懷的作法讓臨終者有機會獲得善終。因此，臨終關懷不僅與臨終者有關，還與臨終者的善終有關。前者是臨終關懷的對象，後者是臨終關懷的內容。以下，我們分別說明。

首先，我們探討臨終者的意義。通常，所謂的臨終者指的是即將進入死亡的人，對於這樣的人，在生命結束時，似乎存在著一條明確的死亡界線，只要臨終者跨過這條線，那麼他就進入死亡的境地。如果他沒有跨過這條界線，那麼就表示他還活著。因此，臨終者究竟是生是死，一切就看臨終者有沒有跨過這條界線而定[6]。

依據這樣的說法，死亡彷彿是一條明確的界線，沒跨過去就代表生，一旦跨過去了就代表死。那麼，死亡真的像上述說的那樣有一條明確的界線嗎？從人們經歷死亡的經驗來看，表面看來死亡似乎有那麼一條界線存在。就像一個人在進入死亡的狀態時，醫生通常會在死亡證明書上寫上死亡的時間。這種有關死亡時間的書寫，就是告訴我們死亡真的有一條明確的界線。可是，這種診斷的方式實際上合不合乎臨床的經驗？關於這個問題，我們可以從人們實際死亡的經驗尋找蛛絲馬跡。就人們的實際死亡經驗來看，一個人的死亡不是突然而至的，他的死亡是有一個過程的。雖然有人會因意外而死亡，彷彿死亡是突然而至的，但即使如此，他的死亡的發生還是有一定的過程，只是時間可能會很短。此外，人的死亡不是一次就死透了，而是漸進式的。所以，我們的死亡不是像上面說的那樣，其實並沒有一條明確的界線，它有的只是一個過程[7]。

如果死亡不是一條明確的界線而是過程，那麼我們對於臨終的瞭解也必須隨之調整。在這種死亡意義的理解下，死亡與臨終之間的分界線就變得不再那麼明顯，兩者成為一個連續的過程。換句話說，臨終不再是死亡之外的臨終，好像與死亡無關，而是延伸到死亡之中的臨終。同樣地，死亡的過程性也反映在臨終當中，從死亡往前延伸到臨終裡面。由此可見，臨終與死亡的分界線已經逐漸泯滅，剩下的只是彼此相互滲透的一體性。

在這種臨終意義的理解下，我們對於臨終者的理解也需要隨之調整。過去，我們把臨終者當成是一個在死亡之外而準備進入死亡的人，現在，我們不能再採取這樣的看法，因為這樣的看法是把臨終與死亡看成兩個互不隸屬的存在。根據上述的探討，我們已經知道臨終絕不在死亡之外，死亡也不在臨終之外，兩者是同一存在的不同階段。既然如此，有關臨終者就必須理解成一個不斷在臨終中體現出死亡的人。

其次，我們探討臨終關懷的內容。從上述的理解可知，臨終與死亡的關係不是截然二分的。如果臨終與死亡不是截然二分，那麼臨終關懷就不能只關懷臨終這一段，而必須包含死亡這一段。同樣地，臨終也不只是臨終這一段，而是從前面的生命一直延續下來，所以臨終之前的生命也是臨終關懷需要關懷的部分。根據這樣的瞭解，我們對於臨終關懷的內容就可以分成三個部分來看：第一個是從臨終前到臨終；第二個是從臨終到死亡；第三個是死亡後。就第一個而言，所謂的從臨終前到臨終，指的是生命從還沒有臨終到進入臨終。在生命還沒有進入臨終之前，我們會認為生命依舊正常的活著，此時，沒有必要注意生命即將結束的問題，可是，一旦生命進入了臨終的階段，我們就會注意生命即將結束的問題。對一個人而言，生命即將結束，就表示生命需要有個總結。關於這樣的總結，在生理層面上，主要指的是生理即將結束所遭遇的問題。例如身體老化的問題、身體病痛的問題；在心理層面上，主要指的是心理面對死亡的問題。例如死亡態度的問題、心理願望的問題；在精神層面上，主要指的是個人生命意義的問題、個人與他人關係的問題、個人與上帝關係的問題；在社會層面上，主要指的是經濟安排的問題、個人與社會互動的問題、殯葬處理的問題。

就第二個而言，所謂的從臨終到死亡，指的是生命從臨終進入死亡的過程。對於這個過程，過去在科學的影響下，認為人的死亡是一種最終的結束，人一旦進入死亡，就進入物質體的階段，因此沒有什麼可以關懷的，也關懷不到什麼。現在，我們從臨床的角度來看，如果人的臨終是進入死亡的一個過程，那麼對於人的這個過程的關懷就是必要的。以下，我們一樣從這四個層面來看。就生理層面而言，我們關懷的是身體進入死亡時是否能夠順利的脫離身體，會不會有痛苦的感覺；就心理層面而言，我們關懷的是心理在死亡的過程中是否會孤單、害怕；就精神層面而言；我們關懷的是精神在死亡的過程中是否有所罣礙，還是自由自在；就社會層面而言，我們關懷的是死亡的過程是否讓社會遠離我們，還是貼近我們，繼續照顧我們。

就第三個而言，所謂的死亡後，指的是死後的去向問題。對於科學而言，人死後就進入物質狀態，因此沒有死後的問題。但是，從宗教的觀點來看，人死後的歸趨是很重要的。一個人如果死後沒有去處，那就表示這個人變成孤魂野鬼，無法得到應有的安頓。所以在臨終關懷上，這個問題也需要給予關懷。關於死後去向的問題，在生理層面上，我們關懷身體去向的問題，會想要瞭解身體是否得到合適的處理；在心理層面上，我們關懷心理是否處於愉悅的狀態，還是悲苦的狀態；在精神層面上，我們關懷精神歸宿的問題，到底生命得到的是暫時的安頓，還是永恆的安頓；在社會層面上，我們關懷個人祭祀的問題，是否有家人祭祀，還是由社會給予紀念。

第三節　臨終關懷在殯葬服務中的地位

在瞭解臨終關懷的意義與內容以後，我們發現臨終關懷的探討可以從兩個角度來看：一個是從生命看向死亡[8]；一個是從死亡回看生命[9]。就一般對於臨終關懷的探討而言，大致上是採取從生命看向死亡的作法，例如安寧緩和醫療的作法。根據這樣的作法，臨終關懷的對象是以癌末病人為主。在此，關懷的重點不是癌末病人的死亡，而是癌末病人的臨終生活，所以在整個安寧緩和醫療的強調中，如何死得安樂不是重點，重點在於臨終如何活得安樂[10]。

當然，我們也可以瞭解為何他們要做這樣的強調：一方面他們擔心一般人會將安寧緩和醫療看成是等死的照顧方式；一方面他們不願意將安寧緩和醫療等同於所謂的安樂死，避免受到不必要的困擾。問題是，接受安寧緩和醫療是不是等死，其實很難說。一個人可以不接受安寧緩和醫療，但是這不等於他就不會死；同樣地，一個人可以接受安寧緩和醫療，但是這不等於他就會死。他之所以會死的關鍵，不在於他是否接受安寧緩和醫療，而在於他的致命疾病。因此，我們只要弄清楚，就會發現死亡是不用刻意迴避的。

此外，安寧緩和醫療也不需要刻意避開安樂死的問題。安寧緩和醫療雖然強調安樂活的重要性，但是在面對無法治癒的疾病時，它一樣認為我們無須刻意避免死亡。這時，對於即將來臨的死亡，我們可以採取消極不作為的方式來面對，這種面對的方式與消極安樂死近似。倘若我們真正瞭解這一點，就不會極力排斥安寧緩和醫療與安樂死的關係[11]。

從上述的兩點說明，我們發現安寧緩和醫療雖然極力撇清它與死亡的關係，強調安樂活的那一面，但是無論它如何強調，死亡的這一面似乎無法避免。在這種無法避免的情況下，我們與其忽略它的存在，失去面對的機會，倒不如積極面對，設法解決其中所觸及到的問題。所以，我們轉從死亡回看生命的角度探討臨終關懷，以便更直接地處理死亡的問題。為了達成這個目的，我們從殯葬服務出發探討臨終關懷的問題。

首先，我們探討臨終關懷在殯葬服務中的地位。就過去對殯葬服務的理解，我們知道殯葬服務的重點在於服務亡者，目的在於解決亡者死亡所產生的問題[12]。不過，由於死亡的問題不僅與亡者有關，也與家屬有關，因此在整個殯葬服務中，服務的對象就從亡者擴大到家屬。然而，服務對象的擴大是一回事，服務的本質則是另外一回事。對殯葬服務而言，殯葬服務的本質就在於服務死亡，解決死亡所產生的問題。既然如此，這就表示殯葬服務與臨終關懷無關。

其實，這種看法只是表面的看法。如果我們進一步深究，就會發現情況不是原先想像的那樣。這種不同的產生，關鍵在於死亡不是像我們認為的那般固定，它是一個漸進的過程。從過程的意義來看，死亡不是突然出現的，它是延續著臨終而來。基於這樣的認知，殯葬服務所要服務的對象就不再是單純的亡者與家屬，而是從臨終到死亡的整個過程。由此可知，臨終關懷並沒有真的被排除在殯葬服務之外，它是屬於殯葬服務的前沿。換句話說，臨終關懷的位置是處於殯葬服務之前。

除了這種時間上的差別之外，臨終關懷在殯葬服務中的地位還有一個涵意。關於這個意義，我們必須從臨終關懷與殯葬服務之間的內容聯繫來探討。就臨終關懷的內容而言，每個人都會遭遇到死亡，當死亡出現時，我們必須處理死亡所產生的問題。對於這些問題的處理，就會讓我們進入殯葬服務當中，因為殯葬服務就是要落實臨終關懷的一些決定。雖然，現在實施的臨終關懷常常沒有得到家屬的尊重，使得亡者的意願受到忽視，以至於無法妥善連結亡者的意願與殯葬服務。但是，在確實瞭解臨終關懷在殯葬服務中的地位，家屬就有可能改變想法，具體落實亡者的生前意願。因此，殯葬服務不只是在臨終關懷之後，而且還是臨終關懷的具體實踐。

此外，臨終關懷在殯葬服務中的地位還有另一個涵意，那就是圓滿的殯葬服務需要臨終關懷的決定。就一般的殯葬服務而言，喪家對於殯葬服務的決定基本上是受到禮儀師的影響，因為一般的喪家對於殯葬服務的內容毫無概念，所以在決定殯葬服務的內容時，不得不接受禮儀師的解說。對於這種受制於禮儀師的殯葬服務，我們不能說已經達到殯葬服務的圓滿。同樣地，即使喪家對於殯葬服務的內容擁有自己的想法，不再受制於禮儀師的解說，這樣的殯葬服務還不能算是真正的圓滿。因為，此處的圓滿只是禮儀師的圓滿或是家屬的圓滿，卻未必是亡者的圓滿。如果我們真的要做到亡者的圓滿，那麼可以有兩種方式：一種是亡者生前交代家屬或委託殯葬業者，無論這種交代是屬於口頭還是書面；一種是亡者自己生前規劃。透過這兩種方式，我們可以清楚知道亡者生前的意願。在尊重亡者生前意願下，我們按照亡者的需求提供相應的殯葬服務。這樣的殯葬服務，才算是以亡者為中心的殯葬服務，也才有圓滿亡者殯葬服務的可能。所以，殯葬服務是否圓滿的關鍵，在於我們是否懂得如何善用臨終關懷。

第四節　臨終關懷在殯葬服務中的功能

其次，我們探討臨終關懷在殯葬服務中的功能。關於這個問題，我們可以分別從幾個方面來看：第一、臨終關懷預先實現殯葬服務中的殯葬自主權；第二、臨終關懷預先決定殯葬服務中的生死意義；第三、臨終關懷預先維繫殯葬服務中的家族情感；第四、臨終關懷預先實踐殯葬服務中的倫理關係；第五、臨終關懷預先化解殯葬服務中的悲傷問題。以下，我們一一敘述之。

就第一點而言，過去的殯葬服務最受詬病的地方，在於禮儀師對於亡者與家屬的不尊重。這種不尊重的由來，一方面固然是來自於生意上的需要，一方面則來自於亡者與家屬的恐懼與無知。對於前者，禮儀師認為做生意沒有不考慮利潤的，因此即使殯葬服務常常被認為是功德事業，禮儀師還是很難不以利潤作為服務考量的重點。結果在利潤的考量下，禮儀師當然以自己的營利需要為主，怎麼還有可能去尊重亡者與家屬的需要呢？對於後者，我們發現有幾種狀況。例如亡者生前不知道自己可以決定自己的身後事，結果就沒有事先做交代，以至於無法依據自己的意願辦理後事。又如亡者生前由於恐懼死亡，直到死亡來臨，還是不敢面對，所以沒有機會交代後事。再如亡者生前雖然有想到要交代後事，但是由於不瞭解，因此無法完成交代後事的心願。最後，家屬對於殯葬服務的不瞭解，也是禮儀師能夠上下其手的主因。

現在，這種不尊重的現象在逐漸減少當中。最主要的原因在於禮儀師與家屬開始明瞭亡者的身後事是屬於亡者的權利，我們需要予以尊重，否則整個身後事的辦理不是變成禮儀師的身後事，就變成家屬的身後事。另外，亡者在臨終時也開始意識到決定身後事的權利在於自己。亡者在臨終時之所以有這樣的自覺，一方面是看到太多社會上沒有交代後事所產生的困擾，一方面覺察到只有自己決定才能讓自己滿意。所以，一旦發現臨終關懷的存在，亡者自然會在臨終時好好把握自己的殯葬自主權。由此可知，臨終關懷的存在有助於殯葬服務中殯葬自主權的實現[13]。

就第二點而言，殯葬業者在提供殯葬服務時，除了亡者或家屬有特定的宗教信仰外，一般都會依照傳統禮俗加以安排。對於這樣的安排，家屬一般都不會有太多意見。在此，家屬之所以沒有意見，並不是因為家屬都很清楚殯葬業者為什麼要做這樣的安排，而是因為一般人在辦喪事時都是這樣處理的。如果我們不停留在社會的一般處理中，對於這樣的殯葬處理開始提出問題，問殯葬業者為何要做這樣的處理，那麼殯葬業者一般可能會提出自古皆然的答案。可是，這樣的答案並不能真的讓人滿意。因為，這樣的說法只是將問題丟給古人，缺乏令人信服的解答。

如果我們繼續深入瞭解，就會發現傳統禮俗的出現是為了解決死亡所產生的問題。一個人的死亡問題之所以得到解決，不僅需要合宜的作為，也需要合理的意義，唯有在作為與意義的配合下，一個人的生死才能得到安頓。因此，亡者與家屬的安頓，除了需要殯葬服務的作為，也需要殯葬服務的意義。對於一個亡者，如果他生前沒有機會瞭解殯葬服務的生死意義，那麼死後的殯葬服務再怎麼做，都無法減輕這樣的遺憾。雖然有人會說家屬的瞭解可以彌補一些缺憾，不過這樣的彌補畢竟不是針對亡者，所以也無法產生太大作用。為了避免這樣的遺憾發生，我們需要利用臨終機會提供這樣的瞭解，讓臨終者預知自己的殯葬服務會在何種生死意義下進行與完成[14]。

就第三點而言，維繫家族的情感確實是殯葬服務很重要的功能之一。對於喪家而言，親人的死亡不是屬於親人自己的事，而是整個家族的大事。因此，有關親人喪事的處理，就是整個家族的事情。在整個處理過程中，家族的成員可以藉著喪事的分工，一方面重新定位彼此的關係，一方面進一步凝聚彼此的感情。所以，在經過一場喪禮的洗禮之後，整個家族的情感可以得到進一步的維繫。

不過，只有這樣的瞭解是不足的。因為，整個家族情感的凝聚不是從親人死亡後才開始。事實上，這種凝聚的過程是漸進式的，它是始於臨終之際，雖然此時死亡尚未來臨，但是家人已經開始共同面對死亡。在同心協力的過程中，家人情感的統整已經有了初步的結果。在經過交代遺言的見最後一面，家人的情感得到進一步的整合。最後，在殯葬服務中，家人的情感終於完成整合的工作，表現出家族的整體性。由此可見，殯葬服務中維繫家族情感的功能是始於臨終關懷，完成於殯葬服務。

就第四點而言，倫理關係的實踐一直是殯葬服務的重要功能之一。對喪家而言，親人的死亡是家屬表現孝道的最佳機會。雖然我們常常會說活著時好好孝順遠勝過死的時候風光下葬，但是在事死如事生觀念的影響下，我們會認為，一個人如果在父母死時都能盡心辦喪事，那就表示他是真的很孝順，否則他對父母的後事便不會表現得很積極[15]。因此，從殯葬服務的過程中，我們就可以瞭解倫常關係的踐行情形。

事實上，我們與親人間的倫常關係不是始於殯葬服務，而是始於更早的臨終關懷。當我們知道親人已經進入臨終階段時，這時死亡的衝擊會更加強化我們與親人之間的倫常關係。例如我們會知道親人即將不在，如果要孝順就必須把握最後的時間。因此，我們與親人之間的倫常關係會變得更加緊密。所以，有關殯葬服務所踐行出來的倫理關係，其實是臨終關懷中倫理關係的延伸。

就第五點而言，過去我們常常認為親人死亡所帶來的悲傷，是需要等到殯葬服務時才加以處理。其實，這樣的說法是不夠的。因為，所謂的悲傷並不是等到死亡出現後才開始的。通常，在臨終時我們就會預知死亡的即將到來。此時，所謂的死亡所帶來的悲傷已經開始[16]。所以，如果我們想要讓悲傷問題得到比較好的解決，是需要將悲傷輔導的作法提前實施。

此外，會產生悲傷問題的人不只是家屬，也包括當事人在內。當臨終者知道自己已經開始進入臨終的階段時，他就會對死亡有所預期。此時，他就會有悲傷的問題產生，為了化解他的悲傷，我們有必要提前提供悲傷輔導的作法。雖然有人會說一個快死的人，無論我們提供何種悲傷輔導，都無法化解他的悲傷。話雖如此，問題並不見得像他所想那樣。因為，悲傷的產生是有不同原因的，倘若我們可以針對他的問題提供相關的建議，那麼即使無法完全化解臨終者的悲傷，至少也可以減輕許多。因此，我們在考慮悲傷輔導的問題時，就不能只是針對家屬的需求，也需要顧及臨終者的需求。由此可知，悲傷輔導不只是出現在殯葬服務中，還出現在臨終關懷中。一個好的悲傷輔導是要由臨終關懷做起，再進一步落實在殯葬服務裡面。

習題

一、請問影響我們面對死亡因應策略的因素有哪些？請舉例說明。

二、請舉例說明臨終關懷的內容。

三、試述臨終關懷在殯葬服務中的地位。

四、請簡述臨終關懷在殯葬服務中的功能。

案例

老王是位平凡的公司職員，平日朝九晚五，日子過得再正常不過。對他而言，生活就是依照傳統的規律而活，娶妻生子平淡的過一生。當老王進入中年時，有一天他接到了健康檢查的通知，告訴他說有疑似腫瘤的情形，請他再做進一步的檢查。對老王而言，這是一個青天霹靂的消息。雖然通知上只是告訴他有可能，他卻認為這一定是真的，從此以後，他就陷入死亡的困境當中。

對他而言，他認為自己向來是個奉公守法的人，應該自然到老，壽終正寢，而不應該得到這樣的惡疾。因此，這樣的惡疾似乎破壞了他對自己的信心，也讓自己陷入深深的沮喪當中。對於老王的這種轉變，家人都不太瞭解，只是覺得怪怪的，想說可能是工作的因素，所以也就沒有多加留意。

就這樣子又過了一段時間。老王的進一步檢查結果終於出爐，確定老王真的得到惡性腫瘤。老王因為擔心家人煩惱，因此沒有告訴家人真相，只是平時有時會講一些與死亡有關的話題，卻被家人認為不吉利，而沒有受到重視，直到後來病情終於無法隱瞞，家人才發現老王過去說的話不是無的放矢，而是事出有因。可惜的是，過去已經過去，再也無法挽回。這時，他們認為自己唯一能做的事情，就是盡力挽救老王的生命。

然而，對老王而言，生命已經有如燈枯，再怎麼挽救也是枉然。現在，他最想做的事就是好好交代後事，讓自己可以放心地離開人間。但是，老王的願望並沒有辦法好好的實現。因為，對他的家人而言，老王今日之所以會陷入如此的困境，家人認為自己必須擔負全部的責任。因此，為了讓自己好過一些，不至於那麼罪惡，所以他們覺得無論如何也要挽救老王的生命。至於老王所做的一些交代，他們認為那是沒有信心的表現，不用太過在意。如此一來，老王處於一種孤獨的狀態，一個人孤零零地面對死亡。同樣地，他的家人也是個別地面對老王的疾病，雙方完全沒有交集。

就在這種各自努力面對自己問題的情況下，老王走完了自己的一生。在臨終時，老王一直試著想和家人做最後的話別，可惜的是，機會已經不再。就這樣，老王在家人的搶救當中帶著遺憾離開人間。對老王而言，這樣的離開是他最不願意見到的，因為這種離開方式不是他所要的，完全與傳統說的不合；對他的家人而言，老王的離去方式也不是他們要的，他們最希望的是老王的自然終老。雙方對於死亡雖然都有一些自己的要求，但是在家人不願承認死亡會降臨在老王身上的情況下，錯失了最後交談的時機，也讓家人深陷悔恨當中。

由此可見，臨終關懷的重要性。如果我們忽略了臨終關懷，不僅無法讓我們的親人好好地面對死亡，也無法妥善處理親人的後事，更無法讓我們無憾地送走我們的親人。

註釋

[1] 在此，我們對於人類必死的命運只能說是經驗的必然性，而不能說是理論的必然性。因為，我們到現在為止還是無法證明人類的存在一定要以死亡作為終局。即使有人從存在結構上證明人的有限性，但是只要人類的存在結構有改變的可能，我們就很難下最後的定論。

[2] 請參見尉遲淦著，《禮儀師與生死尊嚴》（台北：五南，2003年1月），頁188-190。

[3] 對於死亡的這個特質，存在主義有許多深入的探討，請參見海德格（M. Heidegger）與沙特（J.-P. Sartre）的相關說明。

[4] 現在的學校雖然已經有了生命教育和生死學的選修課程，但是這些課題未必會對死亡的相關內容做一完整的說明。

[5] 有關上述的判斷只是針對一般的情形。實際上，是否真的如此，還要看個人如何對待死亡而定，並沒有一個必然的答案。

[6] 這是我們目前一般人對於生死的看法，也是醫療系統的共同認定。

[7] 對於這個說法，佛教早就有了非常清楚的認識。例如人死後需要提供八小時的助念，就是死亡是一個過程的最好說明。

[8] 這是傳統臨終關懷與現代臨終關懷的角度。

[9] 這是殯葬臨終關懷的角度。

[10] 請參見鍾昌宏編著，《安寧療護暨緩和醫學——簡要理論與實踐》（台北：財團法人中華民國安寧照顧基金會，1999年7月），頁16-17。

[11] 請參見尉遲淦編著，《生命倫理》（台北：華都，2007年6月），頁200-201。

[12] 請參見鄭志明、尉遲淦著，《殯葬倫理與宗教》（台北：國立空中大學，2008年8月），頁13。

[13] 關於殯葬自主權的進一步說明，請參見尉遲淦著，《禮儀師與生死尊嚴》（台北：五南，2003年1月），頁102-108。

[14] 關於生死意義的內涵說明，請參見鄭志明、尉遲淦著，《殯葬倫理與宗教》（台北：國立空中大學，2008年8月），頁115。

15 關於這一點，我們可以在孟子身上找到很好的見證。

16 這就是悲傷輔導上所謂的預期性悲傷。相關說明請參見J. William Worden著，李開敏、林方皓、張玉仕、葛書倫譯，《悲傷輔導與悲傷治療》（台北：心理，1999年11月），頁168-174。

本　論

第二章 傳統的殯葬服務

第一節　傳統殯葬業的處境

無論我們喜不喜歡、接不接受，一般社會大眾對於傳統殯葬業者都有一個刻板的印象，不是把這些業者當成黑道來看，就是認為這些業者死要錢[1]。他們之所以把這些業者看成黑道，是因為他們看到業者的形象與搶生意時的惡形惡狀。例如一般業者的形象就是叼著菸、嚼著檳榔，動不動就口吐三字經，有如凶神惡煞一般。在搶生意時，他們更是表現得窮凶極惡，彷彿要把對方吃掉算了。他們之所以認為這些業者死要錢，是因為他們看到這些業者在幫喪家辦喪事時，不是大力鼓吹喪家增添喪事內容，就是希望喪家用更高檔的殯葬用品，以便增加整個喪事的費用。

問題是，上述的刻板印象是否就是傳統殯葬業者的整體形象，其實是大有疑問的。在傳統殯葬業者當中確實有這樣的業者，但是這不表示其他的傳統殯葬業者也是如此，雖然這些業者表現出來的形象的確如此，不過不見得代表這些業者就是黑道。事實上，在我們的日常經驗中就會遇到類似的狀況。像有的人平常表現得比較粗暴，然而我們不能因為對方的粗暴，就直接認定對方就是黑道。因此，傳統殯葬業者就像其他行業一樣，裡面有的人是黑道，有的人不是黑道，這是必須分辨清楚的。否則，整個殯葬業者都被認為是黑道的結果，就是讓這個行業成為社會上不受歡迎的行業。

同樣地，在傳統殯葬業者當中也確實存在著死要錢的現象。只是這種死要錢的業者不見得是全部的業者，而是其中的一部分。實際上，也有實實在在做生意的業者，他們會依照喪家的需求安排喪事，並考量喪家的經濟狀況決定喪葬的價錢，不見得就是死要錢。

所以，就傳統殯葬業是商業的一環而言，裡面自然良莠不齊，有好有壞，我們很難要求殯葬業要不同於其他行業，只有好的業者而沒有壞的業者。

經過上述的澄清之後，我們確實可以說傳統殯葬業就像其他行業一樣，良莠不齊，有好有壞。可是，只有這樣的澄清還是不夠的。因為，我們發現其他行業雖然也有類似的現象，但是卻沒有形成這樣子的整體印象。例如商人過去固然常常被說成「無商不奸」，可是我們卻不會看到商人就直覺認定他是奸商。相反地，我們還是會用對待一般人的方式對待他。所以，我們認為傳統殯葬業者之所以會有這樣的社會形象，理由應該不止於上面所說的那樣。換句話說，傳統殯葬業者社會形象的形成應該有更根本的原因。

那麼，這種形成社會形象的根本原因為何？對於這個問題，我們需要話說從頭，也就是從傳統殯葬業的草創談起。根據我們的瞭解，傳統殯葬業的出現不是自古皆然。這個行業的出現是隨著社會變遷而來的。當整個社會依舊穩定地處於農業社會的階段，傳統的殯葬業是不會出現的。因為，在農業社會主導的階段，整個喪事的處理是由整個家族負責的。此時，家族中只要有人死亡，一定是整個家族動員。在整個動員的過程中，不只是動員到人力的部分，也動員到資源的部分。例如家族中的族長或長輩就會出來擔任主導的工作，他不但要規劃整個喪事的內容，還要依據這樣的規劃安排相關的人力，讓整個喪事的進行在人力需求上不虞匱乏。此外，他也要依據這樣的內容，在家族中尋找相關的資源予以一一完成。總之，他需要動員家族的全部力量完成喪事。在這種情況下，有關喪事的一切是不需外人插手的。既然如此，傳統殯葬業當然沒有存在的必要。

不過，這種社會處境並沒有一直維持下去。當社會開始從農業主導轉向工商業主導的過渡階段，整個社會處境開始有了變化。其中，家族制度的改變是影響傳統殯葬業出現的最主要因素。我們之所以這樣說，是因為農業主導的社會，家族中的人能夠充分供應喪事所需的人力。到了工商業主導的社會，家族已經逐漸拆散，剩下一般的家庭，人力不足以滿足喪事的需要。所以，此時如果家庭中有人死亡，雖然家庭中的人希望能夠自己完成整個喪事的處理，但是在人力有限的情況下，他不僅需要外界提供相關的殯葬用品，也需要外界提供相關的人力。在這種人力與資源俱缺的情況下，傳統殯葬業遂應運而生[2]。

初期，代表這個行業的，主要有棺木店與修墳墓的人。由於他們對於整個殯葬服務的過程較為熟悉，因此就逐漸成為整個行業的代表人。慢慢地，社會大眾就把從事殯葬服務的人叫做「土公仔」。現在，讓我們進一步剖析這個稱呼的意義。一般而言，在社會的稱呼當中，如果有出現「仔」字的時候，那就表示這個行業在社會上沒有得到應有的重視。換句話說，這個行業是受到輕視的。在此，這種輕視不僅是反映在專業上，也反映在價值上。

對一般人而言，從事殯葬服務是不需要專業的，唯一需要的是膽量。所以，我們常常會聽到殯葬業者自誇的說，有誰能像我們一樣勇於接觸死人。從表面來看，這是殯葬業者自我肯定的方式。其實，在這種自我肯定中，我們就看到缺乏專業的判斷含藏其中。此外，在價值的部分也是一樣。由於殯葬業者處理的是人死後所遺留下來的遺體，因此一般人雖然知道這是自己親人的遺體，卻又把他看成是避之唯恐不及的廢棄物。所以，對社會而言，一個處理廢棄物的行業是不值得給予太正面的評價。在這種社會認知的處境下，整個傳統殯葬業一開始就沒有得到社會正面的肯定，難怪後來的評價愈來愈往負面的方向走。

現在，我們要問的是，為什麼社會大眾要如此對待傳統的殯葬業呢？就一般的認知來看，只要一個行業對社會是有貢獻的，那麼這個行業就會得到社會的肯定。如果這個行業對社會是沒有貢獻的，那麼這個行業就會受到社會的否定。根據這樣的標準，我們發現傳統的殯葬業對社會是有貢獻的。因為，它處理了社會上死亡所引起的遺體問題。所以，它應該得到社會的肯定才對。可是，我們實際看到的卻不是如此。這就表示傳統殯葬業對於遺體的處理，在社會的認知下不是一件有益於社會的事情。

那麼，社會為什麼會如此看待呢？就一個正常的角度來看，有關遺體的處理確實是一件有益於社會的事情。因為，它讓社會上的遺體問題消失。關鍵是，遺體的問題雖然消失了，處理遺體的人並沒有消失，他們依舊正常地出沒在社會中。當人們看見他們的時候，不是看見一個普通的人，而是看見一個代表死亡的人。就是這種死亡化身的陰影，讓傳統殯葬業一開始就受到社會的排斥[3]。不僅如此，他們還把整個傳統殯葬業放到社會的邊緣地帶，彷彿他們代表的就是社會的黑暗面。所以，只要整個行業當中出現了一些不好的業者，很快地整個行業就成為不好業者的大本營。這就是傳統殯葬業在社會上會有這種刻板印象的最主要原因。

第二節　傳統殯葬業者的作為

在上述的處境下，傳統殯葬業者是怎麼提供他們的服務？首先，我們從服裝儀容的外在形象談起。就服裝的部分而言，傳統殯葬業者從來沒有考慮他們要穿何種服裝才能代表他們自己，基本上，他們所穿的服裝是配合他們在社會上的身分認定。根據上述的探討，我們知道社會所認定的傳統殯葬業是一種邊緣行業，這種層級的行業，在社會的階層中當然不可能是高級的行業，而只能是下層的行業。因此，在服裝的穿著打扮上，他們自然要配合下層的身分。就當時社會上下層行業的情況來看，這些行業主要以勞力付出為主，所以他們的服裝也以適合勞動來考慮。

根據這種原則，傳統殯葬業者也用相同的方式裝扮自己。這種裝扮的結果，讓傳統殯葬業者有了這樣的工作形象：上半身穿著內衣，下半身穿著短褲。此外，在儀容的部分，傳統殯葬業者也是配合社會階層的認定，表現出該階層應有的儀容。例如不修邊幅的特質，就是傳統殯葬業給一般人的印象。他們之所以這樣表現，是因為這種行業是不需要整理自己的儀容，只要努力付出勞力即可。若是太過在意自己儀容，會讓社會大眾誤以為工作不夠認真。

其次，言談舉止的部分，傳統殯葬業者的表現一樣依據社會上的身分認定。對他們而言，為了配合自己下階層的社會認定，有關言談的部分自然要表現出粗俗的特質。因此，在言談當中，動不動就三字經開道，讓人們感覺到他們真的屬於這個階層。至於舉止的部分亦同。他們在動作上絕對不會溫文儒雅、慢條斯理，一定要大剌剌的才算，表示他們真的很粗魯、很大條。其實，這樣的言談舉止是要搭配上述的服裝儀容，讓一般社會大眾很清楚就可以分辨出來，知道這些人是從事什麼行業的。

就社會而言，這樣的分辨有助於社會大眾保護自己，有如禁忌的作用一樣。對於有害的情況，只要從外表上就可以有個分辨，這樣自然可以避免一些不必要的傷害發生。同時，也有一種提醒的作用，讓社會大眾遠離危險。就傳統的殯葬業而言，這個行業代表的就是死亡，因此，讓社會大眾意識到死亡、遠離死亡，是社會應盡的責任。藉著上述對於傳統殯葬業者的形象塑造，社會就算善盡它的責任了。

接著，我們討論傳統殯葬業者的行銷方式。根據社會的認知，傳統殯葬業是屬於社會的邊緣行業，因此社會不會歡迎這樣的行業到處散布。但是，這個行業又是社會上不可或缺的。如果缺少這個行業，那麼社會上有關死亡的事情就沒有辦法處理。所以，在這種既需求又怕受傷害的矛盾情結下，社會一方面要允許這種行業的存在，一方面又要限制這種行業的活動。結果就出現一種很奇特的現象，平常大家都盡可能不去碰觸當地殯葬業者存在的事實，等到死亡發生時，卻又不約而同地尋找特定的殯葬業者服務。

例如在過去那個年代，每個區域幾乎都有一家殯葬業者，平日大家都把這個地方視為禁地，盡可能不要經過或進入，等到家中有人死亡，就自動前往報到，尋求對方的協助。由於地域上的限制，所以傳統殯葬業者也就配合這樣的區域劃分。凡是屬於這個區域內的殯葬事務一定是交給這個區域內的殯葬業者，凡是不屬於這個區域內的殯葬事務一定不會越界去搶生意。無形中，這種區域上的限制與自制變成整個傳統殯葬業的行規，也安定了殯葬服務的秩序。這麼一來，傳統殯葬業者就不需要特別去行銷自己，就算他想要行銷自己也是不可能的。因為，有關死亡的訊息是不允許任意出現的，它的出現是有一定的時機。在這種不需行銷自己的特殊狀況下，傳統殯葬業者在生意的招攬上基本上是被動的，以喪家自動上門為主。

此外，有關傳統殯葬業者洽談生意的方式也值得我們注意。例如一般人在洽談生意時，通常會將我們的服務內容與產品價目清楚陳列出來，讓上門的消費者可以一目了然，也方便消費者做判斷。可是，有關殯葬服務的方式似乎和一般做生意的方式不同。就傳統殯葬業者洽談生意的方式而言，他們不會將服務的內容一五一十的詳加說明，對於相關的產品價目也不會清楚詳列。如果有人問他們為什麼要用這種方式處理，他們會說這是因為有關死亡的事情太恐怖，一旦說明得太過清楚，對於消費者可能會帶來一些不明的傷害，為了避免死亡所帶來的沖煞問題，所以最好不要說明清楚。

雖然有人質疑這樣的理由，認為這只不過是傳統殯葬業者為了避免商業機密外洩的一種方法。不過，如果我們站在社會的立場來看，就會發現消費者為什麼會接受這樣的理由。對於消費者而言，為了辦喪事花錢是天經地義的事。但是，花錢是一回事，確實瞭解錢是怎麼花的是另外一回事。基於喪事內容是與死亡有關的事，因此不需要做過多的瞭解，以免發生不該發生的事。就是社會的這種禁忌理由，使得喪家接受這樣的說詞，即使在金錢的花費上受到一些損失也就認了，只要喪事進行得還順利就好了。

最後，我們討論傳統殯葬業者的服務內容。如果我們單純從社會定位來看，由於傳統殯葬業是個邊緣行業，因此傳統殯葬業者對於殯葬服務的內容應該也是雜亂無章。表面看來，實情似乎應該如此。然而，基於社會上對於死亡的重視，認為死亡具有教孝的意義，所以殯葬服務的內容也不能太過混亂，否則整個教孝的效果就無法表現出來。為了讓教孝的效果可以表現出來，我們對於整個喪事的安排應有一套程序。就這點而言，我們發現傳統殯葬服務的確是有一套完整的程序。例如整個殯葬服務的過程，可以分成幾個程序：殮、殯、葬、祭。當一個人死了以後，我們不用擔心傳統殯葬業者會胡亂處理，他一定會按照這個程序來進行，如果我們不放心，那麼就可以依照這個程序一一查驗。

為什麼傳統殯葬業者會乖乖依照這個程序處理呢？最主要的理由是這個程序不是一個任意的程序，而是根據傳統禮俗安排的結果。在此，我們要特別注意的是，這個傳統禮俗已經傳承數千年，一直是我們安頓自己生死的一套方法。所以，站在歷史的經驗上，傳統殯葬業者認為只要是這塊土地的人們應該都適用這一套方法，至於其他宗教的信徒們，除非他們要求要用他們自己的宗教儀式處理，要不然還是以傳統禮俗作為處理的依據。由此可知，傳統殯葬業者在從事殯葬服務時並沒有一般邊緣行業的特性，相反地，它擁有一套完整處理死亡問題的傳統禮俗，讓整個社會的民眾可以生得放心、死得安心。

第三節　傳統殯葬服務的模式

從上述的殯葬服務內容來看，傳統殯葬業者在服務時是有一套標準的。這一套標準雖然淵源久遠，卻是社會大眾可以接受的一套標準。那麼，我們現在要問的是，為什麼這一套標準歷經數千年還是能夠為廣大的民眾所接受？關於這個問題，我們需要瞭解這套禮俗產生的背景。因為，時間的推移雖然常常是禮俗改變的主要原因，不過，這畢竟只是表面的原因。實際上，禮俗的改變還是要跟時代的背景相結合。換句話說，禮俗的改變其實是時代背景改變的結果，而不是時間推移的結果，單純的時間推移是不足以改變禮俗的，唯有時代背景的實質改變才會造成禮俗的改變。

依據這樣的看法，我們可以先行瞭解傳統禮俗發生的時代背景。在瞭解此一時代背景之後，我們再瞭解這幾千年來整個背景是否有進一步的改變。如果沒有改變，那麼我們就可以瞭解為什麼傳統禮俗依舊能夠擁有它的作用。當然，有人可能會認為整個問題沒有那麼簡單，改變的原因可能不只是在時代背景的部分，或許還有其他原因也說不定。沒錯，改變的原因的確有可能在時代背景之外，但是這種「之外」，原則上還是會和時代背景有關。簡單的說，就是時代的需求，表面看來背景是背景，需求是需求，事實上背景是發之於外的需求，需求是潛藏於內的背景，兩者的差異性並沒有想像中那麼大。既然如此，這就表示上述的看法依舊可以成立。

根據這樣的看法，我們先瞭解傳統禮俗出現的時代背景。就我們的瞭解，傳統禮俗出現的年代非常久遠，甚至於可以追溯到原始時代。不過，現在的探討中，沒有必要追溯到那麼久遠的過去，對我們而言，只要追溯到今日傳統禮俗正式出現的年代即可。根據歷史的記載，今日流行的傳統禮俗正式出現的年代是周朝[4]。雖然在整個傳統禮俗的傳承過程中，有過局部的修正，但是就整個禮俗的大架構而言，從周朝迄今大體上並沒有什麼改變。因此，我們可以確認周朝的禮俗就是今日傳統禮俗的根本。所以，我們只要瞭解周朝的時代背景就能掌握整個傳統禮俗的背景。

就周朝的時代背景而言，過去認為周朝確實是個農業社會的時代。關於這個判斷，我們認為是很正確的。在這個社會中，人們以農耕作為整個社會的生產方式。根據這樣的生產方式，人們如果希望獲得較好的收成，就需要有相關的配套措施。例如廣大的土地、充分的水源、合宜的氣候、充足的獸力與人力等等。其中，人們最能掌握的就是人力的部分，因為其他的部分都必須靠他人或自然的配合，只有人力的部分可以藉由自己的努力加以創造。

雖然這種創造依舊需要訴諸運氣，但是大體上人們是可以自己掌握的。因此，人力就成為農業社會最可靠的資源。為了讓這樣的人力可以凝聚起來，成為生產上最能掌控的動力，農業社會採取血緣的關係，讓人們彼此成為親戚。透過這種宗族關係，人與人構成綿密的社會網絡。一旦宗族中發生了什麼大事，基於彼此的親戚關係，所有的人立刻動員起來，一起為解決事情而努力。

在整個農業生活當中，被認為是大事的事情並沒有很多，一般而言，與生死有關的才算是大事，例如結婚的事情就是大事。它之所以被認為是大事，主要在於它一方面藉著婚姻擴充了宗族的勢力，一方面藉著下一代的繁衍擴充宗族的人力。對農業社會而言，這種擴充是有助於生產力的提升以及宗族的延續。此外，像死亡的事情也是一件大事。當一個宗族有人死亡時，它不僅代表這個宗族的人少了一個，更代表這個宗族的生產力減少一分。所以，在整個喪事的處理過程中，宗族除了一方面要對亡者進行集體的哀悼以外，還要藉著哀悼的過程重新凝聚族人的感情，讓族人更有能力面對未來的挑戰。

對於這些大事，農業社會並沒有採取相同的評價。一般而言，農業社會比較願意接受的大事是與生有關的大事，而不是與死有關的大事。因為，對農業社會而言，生帶來的是希望。當一個人出生時，它不只是表示宗族人口的增加，也表示宗族生產力的增加，讓宗族的未來具有更大的希望。所以，農業社會才有這樣的俗諺：「多子多孫多福氣」。相反地，死亡帶來的是絕望。它一方面減少宗族的人口，一方面減少宗族的生產力，讓宗族的希望受到限制。所以，農業社會才會出現「絕子絕孫是最大的不幸」的說法。由此可知，農業社會中的人們歡慶新生命的來到，厭惡死亡的出現。

在這種好生惡死心態的引導下，農業社會在處理死亡的大事時，基本上是採取被動的作法。對整個社會而言，處理死亡的事情是一件不得已的事。既然死亡是件不得已的事，那就表示我們可以不面對就盡可能不去面對。例如死亡禁忌的出現就是最好的例證。像有人生孩子，在祝賀時一定不許出現死字；有人生病，在慰問時也不許出現死字。雖然如此，這並不表示農業社會沒有一套處理死亡的流程。事實上，農業社會在處理死亡時也是一整套的，這套流程包括臨終、初終、殮、殯、葬、祭等六大部分。

既然農業社會是避諱死亡的，那麼為什麼這套流程還要包括臨終的部分呢？對農業社會而言，這套流程之所以要包含臨終在內，不是因為農業社會可以主動面對死亡，而是死亡來臨之前一定會有臨終的階段。現在，如果我們忽略了這個階段，那麼就很難進入初終階段的處理。因此，站在先後順序的立場上，農業社會不得不面對臨終的階段，除了先後順序的問題外，還有其他相關問題有待處理。就農業社會而言，人的死亡不只是一件事實，它還牽涉到這個人與其他人的關係。因此，我們需要對這些關係做進一步的處理，以免造成社會上的困擾。例如有關家族權力傳承的問題、家庭財物繼承的問題等等。這些問題的解決，有助於整個死亡處理的完成[5]。所以，臨終階段的出現是有其作用的。

不過，除了臨終階段以外，農業社會在死亡處理上還包括初終階段、殮的階段、殯的階段、葬的階段以及祭的階段。為什麼在死亡處理上農業社會還要安排這些階段呢？對農業社會而言，這些階段的安排目的無他，一方面是希望藉此安頓亡者，避免亡者出來騷擾生者；一方面是希望藉此安頓生者，避免生者無法走出親人死亡的陰影。這種考慮的產生，主要是農業社會的人們認為人死後還有靈魂的存在。當一個人意識到自己已經死亡，而自己的親人卻還活著時，會有一種很不平衡的反應，認為這種事情的發生是不公平的。因此，為了避免亡者的糾纏，讓這種死亡的不幸繼續發生，人們採取一些安撫亡者的儀式與作為，使亡者一方面得以接受他自己的死亡，另一方面還可以庇佑生者，讓生者活得更美好。

例如葬的出現就是一個很好的例子。經過遺體埋藏地下的處理，讓亡者知道自己未來的生活不再是陽間的生活，而是陰間的生活。又如返主的儀式，就是要讓亡者清楚，此後的歲月他不再是以鬼的身分存在著，而是以神的身分存在著。不僅如此，透過上述的處理，生者一方面可以不用擔心亡者的騷擾，一方面可以緩解喪親所帶來的生死之痛。

又如整個喪禮的時間為何會有兩年以上的安排。這是因為兩年左右恰好是喪親之痛得以緩解的基本時間[6]。其中，殮的階段表示我們為親人盡了最後一分心力，殯的階段表示親人已經逐漸遠離我們，葬的階段表示親人與我們不復相見，祭的階段表示親人與我們已成神人關係。通過這些過程，我們不僅可以接受親人的死亡，也知道親人與我們的關係永遠存在，重新賦予我們與親人之間關係的新生命。

過去，這些不同階段的禮俗原則上是交由整個宗族來處理。農業社會之所以用這種方式來處理，一方面是當時的社會還沒有相關殯葬服務行業的存在，一方面是親人的死亡屬於宗族中私密的事情，不適宜由外人來處理。因此，只要宗族中有人死亡，一定是由宗族中的人全體動員來處理。

可是這種全體動員的方式並沒有一直維持下來。當社會開始由農業社會轉變為工商社會時，社會的家庭結構逐漸轉變。隨著人口集中的都市化腳步，家庭成員慢慢脫離故居，前往都市謀生，造成宗族人力四散，也使得宗族凝聚力下降，人與人之間的血緣關係愈來愈淡薄。一旦遭遇親人的死亡事件，原先的處理方式就無法順利實施。因為，每場喪禮都需要大量的人力。現在，隨著人口的流失、關係的淡薄，家庭中已無充分人力可以用來辦喪事，在這種情況下，有關喪事的辦理就逐漸轉由外在的專業團體來處理。就是這種處境的轉變，讓原先十分私密的喪事不得不委由殯葬業者來發落。

當傳統殯葬業者開始接手這樣的喪事時，並不是完全包辦。實際上，他們負責的是殯葬用品的部分。例如棺木、築墳、宗教儀式等等。這些部分由於需要相關專業的處理，所以在宗族人力無法直接支應的情況下，只好委託外人。後來，當宗族人力愈來愈無法負荷喪事的需求時，專業的殯葬人員才正式出現。

最初，這些殯葬業者的來源主要集中在棺木店、築墳工人身上，慢慢地，他們形成專門從事殯葬服務的行業。但是，在整個殯葬服務中，我們發現他們還是受限於死亡的禁忌。對喪家而言，過去親人的死亡都在家中，也在家裡辦理，沒有外人參與。因此，就算家裡有所謂的死亡禁忌，也只能勉強面對而無法逃脫。無論是臨終階段、初終階段、殮的階段、殯的階段、葬的階段、祭的階段，家人都只有乖乖面對。現在，家中的喪事開始委由殯葬專業人士處理，死亡一瞬間彷彿變成別人的事，所以死亡禁忌又開始發生作用。

對一般人而言，處理死亡的人似乎就代表製造死亡的人，在正常情況下，沒有人會願意主動見到從事殯葬服務的人，除非家中已經有人死亡，此時才不得不去接觸殯葬服務的人員。根據這樣的心態，傳統殯葬業者就只能在人死了以後才出現，而不能在臨終之際就出現，否則傳統殯葬業者就會承受招來死亡的責任與壓力。同樣地，當整個喪事處理完了以後，喪家也不希望繼續與傳統殯葬業者保持聯繫。因為，他們認為繼續聯繫的結果會讓家人繼續與死亡打交道，無法擺脫死亡的糾纏。所以，在辦完喪事以後，傳統殯葬業者不被允許再出現在喪家面前。

由此可見，傳統殯葬業者的服務範圍只能限制在死亡範疇內。關於死亡之前的臨終與死亡之後的正常生活，兩者都與傳統殯葬業者無關。如此一來，傳統殯葬業者的整個服務重心就放在亡者的遺體處理上，也就是初終以後的殮、殯、葬的部分。至於祭的部分，主要是由宗教人士負責，傳統殯葬業者只負責聯繫。

第四節　傳統殯葬服務模式的省思

從上述的探討可知，傳統殯葬業者所能服務的部分不是喪事的全部，而是遺體處理的部分。這種情況的發生，主要不在於傳統殯葬業者不願意提供這樣的服務，而在於喪家對於死亡的忌諱。當親人尚未死亡之前，家屬不願意見到傳統殯葬業者出現，在親人喪事處理完畢以後，家屬亦不願意再見到傳統殯葬業者。因此，在無法事前進入、事後回返的情況下，傳統殯葬業者只好成為遺體問題的解決者。可是，只提供處理遺體的服務顯然無法解決死亡所產生的所有問題，這種服務最多只解決了遺體處理的問題。

但是，在死亡所產生的問題當中，遺體處理只是其中一小部分，甚至於是最不重要的部分。為什麼我們會這樣說呢？表面看來，死亡所直接帶來的問題就是遺體處理的問題。因此，遺體處理的問題似乎非常重要。然而，只要我們深入瞭解就會發現問題並非如此。對喪家而言，死亡確實會產生遺體處理的問題，不過這還只是初步的問題。

更重要的是，遺體處理背後所隱藏的問題，例如整個家庭面對死亡的問題、死亡所產生的悲傷的問題等等。就這些問題而言，它們才是整個喪事需要處理的重點，單純的遺體處理並不是太大的問題，也不需勞師動眾大費周章的處理，嚴格說來，如果只是遺體的處理，甚至於可以當成廢棄物處置。可見整個喪事的重心不在遺體處理上面，因此，我們才會發現傳統殯葬業者之所以不受重視的理由所在，畢竟，廢棄物的處置是不需要太高的社會地位。

雖然我們認為單純的遺體處理有如廢棄物處理一般，但是有關親人死亡的處理不是這樣的處置方式。對喪家而言，親人的死亡與廢棄物是不同的。廢棄物的處理的確沒有什麼好猶豫的，只要把它丟棄即可，不過親人死亡的處理方式就不同了，我們不但不能將親人的遺體當成廢棄物處理，還要將親人的遺體看成好像還活著一樣的對待。這點有如儒家所說那樣，事死如事生。因為，親人雖然死亡，只剩遺體的存在，可是這樣的遺體仍然是親人的遺體，而不是單純的遺體，這就是我們在處理遺體時不把遺體只看成是遺體來處理的最大理由。既然遺體不只是遺體，而是親人的遺體，因此我們就必須依據親人還活著時的一切規矩來對待親人的遺體。所以，傳統殯葬業者在提供殯葬服務時，不能只是扮演遺體廢棄物的處理角色，而必須提供傳統殯葬禮俗的服務，讓亡者在傳統殯葬禮俗的安排中得到安頓。

問題是，如果我們要讓亡者在傳統殯葬禮俗中得到安頓，那麼傳統殯葬業者不能只是行禮如儀地實踐傳統殯葬禮俗。對早期的人們而言，雖然他們並不一定清楚傳統殯葬禮俗對待親人的用意，但是在整個文化的陶冶下，也就自然地依照整個禮俗的要求對待親人，相信這樣的對待是可以安頓親人的死亡。

可是，現在這種文化的信任已逐漸式微，而且一般人也逐漸失去對於傳統殯葬禮俗涵意的認識。因此，傳統殯葬禮俗只剩下安頓亡者的形式，而失去真正的實質。此時，如果傳統殯葬業者只知提供行禮如儀般的服務，那麼傳統殯葬禮俗就真的無法發揮安頓亡者的效果，這麼一來，整個喪事的服務就會變成單純的遺體處理。為了讓整個喪事的處理能夠恢復原有的功能，傳統殯葬業者不能只是停留在行禮如儀的階段，必須設法提供進一步的意義解說，使得整個喪事處理的生死意涵能夠得到落實[7]。

接著，我們發現傳統殯葬服務的介入只能在親人死亡以後。如果傳統殯葬業者的介入點不能提早到臨終的階段，那麼傳統殯葬服務的功能就會大打折扣。對喪家而言，死亡禁忌真的是一個很大的忌諱，但是如果我們站在圓滿安頓生死的立場來看，這樣避諱的結果不但不能減少死亡所帶來的不幸，反而會增加更多的困擾。例如由於我們不允許傳統殯葬業者在親人臨終時就進入家中談論殯葬事宜，導致整個喪事的安排可能出現許多變數無法順利解決。比如在決定整個喪事進行的宗教儀式時，親人間的意見可能不一致。此時，由於亡者已經不在，我們只能在親人間取得一個協調與諒解[8]，倘若這時親人間僵持不下，那麼整個喪事的和諧就會受到不相干的破壞，以至於無法圓滿處理喪事。

這樣的結果不僅傷害了亡者的情感，也傷害了親人間的感情。為了避免這樣的傷害發生，傳統殯葬業者提供殯葬服務的時機不能再停留在親人死亡以後，而必須提前到臨終的階段。唯有如此，我們才能清楚瞭解臨終者對於自己的後事是如何交代的，親人間也才不會因為喪事儀式的意見不同而造成彼此的傷害。更重要的是，臨終者自己的自主交代，不但可以避免傷害家庭情感的事件發生，也可以凸顯自己的殯葬自主尊嚴，表示死亡是自己的死亡，喪事是自己的喪事，一切到底圓不圓滿就看自己如何提供完整的規劃，而不需要假手他人。

此外，傳統殯葬服務也不能在喪事辦完之後就立刻停止，因為殯葬服務的目的在於化解喪家親人死亡所產生的問題。如果傳統殯葬業者在辦完喪事之後就逕行離去，那麼親人死亡所帶來的喪親之痛是否已經得到妥善處理了呢？倘若這樣的喪親之痛已經不成問題，那麼傳統殯葬業者的離去是一種負責任的作法；倘若這樣的喪親之痛並沒有得到妥善處理，那麼傳統殯葬業者的逕行離去就是一種不負責任的作法。因此，傳統殯葬業者的離去不是一件與死亡禁忌密切相關的事情，而是與喪家喪親之痛是否已經得到化解有關。為了圓滿我們的殯葬服務，有關喪事的處理不能只停留在傳統殯葬禮俗的殮、殯、葬、祭的範圍，而必須因應現代喪家的需求，根據喪親之痛的化解情形，決定服務的介入時機應當結束於什麼時候。

習題

一、請簡述傳統殯葬業的處境。

二、請簡述傳統殯葬業的形象。

三、請問傳統殯葬服務的重點為何？

四、請問傳統殯葬服務的缺失為何？

案例

老陳是一個平凡的公務人員，每天奉公守法的過活。家中除了結婚多年的妻子與兩個幼兒以外，還有年老的父親。最近這些日子以來，他發現父親愈來愈衰弱了，雖然大家都知道人到一定的年紀不得不面對死亡的問題，但是基於人之常情，老陳覺得自己的父親應該不會這麼快才對。何況，老陳是一位很孝順的人，他認為孝子是不應該期盼自己父親的死亡，因此他就在避談父親死亡可能性的情況下一天拖過一天。直到有一天清晨起來，他發現他的父親還在寢室裡沒有起床，認為這麼早就吵醒父親不太好，所以等到上班時間到了就逕自上班去了。在出門之前，他還特別交代妻子不要打攪父親，等父親起床之後再準備早餐給父親吃。結果他到辦公室沒有多久，就接到妻子打來的電話，告訴他父親去世的消息。一接到電話，他就匆匆忙忙地趕回家，要妻子在家中等候他的回來。

等到他回到家中，他就開始張羅父親的喪事。不過，由於他平常對於這方面沒有什麼接觸，所以一時之間慌了手腳，不知如何是好。這時，他突然想到住家附近好像有一家葬儀社。因此，他就急急忙忙前往接洽。葬儀社的老闆一看到老陳上門，神色哀戚，心裡就有了數，立刻上前詢問。不久，葬儀社的老闆就陪同老陳到了他家。首先，他就請里長幫忙聯絡附近的衛生所，請醫生過來開具死亡證明書。接著，葬儀社的老闆就開始協商陳老先生的後事問題。當葬儀社老闆問起一些與喪事有關的問題時，老陳才發現這裡面還相當的複雜。例如陳老先生有沒有宗教信仰，他的喪禮要用何種儀式辦理，整個喪葬過程要辦到什麼程度，要請什麼人來參加，出殯日子要訂在什麼時候，要在什麼地方舉行等等。由於現在老陳已經陷入六神無主的狀態，所以葬儀社老闆雖然跟他說了一堆事情，可是他已經無法進行理性反應。就這樣子，在葬儀社老闆的鼓吹下，老陳就把父親的喪事完全託付給葬儀社的老闆。

起初，老陳採取完全配合的態度。後來，在整個喪事進行當中，他發現自己心中的疑惑愈來愈多。例如入殮時為什麼要選時辰、封棺時為什麼要釘子孫釘、做功德時為什麼要多請一些道士、燒庫錢時為什麼要多燒一點等等。但是，囿於死亡的禁忌，他也不敢提出來尋求解答。當他忍不住想要問的時候，葬儀社的老闆總是一副信任我就搞定的神情，讓他硬生生地將問題吞了回去。最後，整個喪事總算處理完畢了。在結算整個喪葬開銷時，他發現費用高過他的想像，雖然事前曾經聽人家說過，喪葬花費總是滿高的，但是他沒有想到會高到這個地步。現在，整個喪事已經辦完了，他即使有所不滿，也不能跟葬儀社老闆說些什麼，因為辦完的喪事是不能取消的。此外，在整個喪事辦理過程，葬儀社老闆一直灌輸他一個觀念，告訴他孝心是要付出代價的，尤其是風光的葬禮需要用鈔票堆積起來。因此，經過整個喪事的處理以後，老陳除了要承受父親死亡所引起的傷痛以外，還要承受喪葬處理過程中的心理傷害與經濟傷害。

註釋

1 請參見鄭志明、尉遲淦著，《殯葬倫理與宗教》（台北：國立空中大學，2008年8月），頁15-16、132。

2 有關台灣殯葬業出現的簡易歷史說明，請參見徐福全著，〈台灣殯葬禮俗的過去、現在與未來〉，《社區發展季刊》第96期：臨終關懷與殯葬服務，2001年12月30日，頁102-103。

3 請參見尉遲淦著，《禮儀師與生死尊嚴》（台北：五南，2003年1月），頁2。

4 我們這樣說的意思，不是說禮俗到了周朝才出現，而是周朝之前雖然也有禮俗的存在，但是真正定案傳承下來的，則是當時周公的制禮作樂。

5 除了上述這兩個問題外，傳統禮俗還會透過六十大壽的安排，讓女兒以添壽的名義送壽衣，兒子以添壽的名義送壽棺，以及自己找壽城的方式，協助長者面對死亡的問題。

6 請參見J. William Worden著，李開敏、林方皓、張玉仕、葛書倫譯，《悲傷輔導與悲傷治療》（台北：心理，1999年11月），頁21。

7 例如以燒庫錢為例。過去，燒庫錢只是為了還庫。現在，燒庫錢不只還庫，還衍生出寄庫。如果我們可以讓家屬清楚，亡者去地府是去受苦的，而不是享受的，那麼家屬就不會故意多燒，亡者也就不會受多餘的苦。對亡者而言，這種只燒還庫部分的錢，是有助於他們順利離開地府的作為。

8 例如家裡的人信仰各不相同，但是各有堅持，認為亡者用自己的信仰送是最好。由於亡者已經不在，也沒有事先交代，一般的業者只好滿足所有家人的需求，用各種儀式送走亡者。可是，這樣的送究竟對不對？其實很難說。萬一亡者有知，在不知如何選擇的情況下，可能不知應往何處去，對亡者而言，這是不好的。對家屬而言，這也是不好的。除了這種狀況外，有的業者則是以誰主導就聽誰的。結果也不一定是好的。因為，主導的人可能與亡者的信仰不同。所以，對於這種事情，單純的協調是不夠的，我們需要進一步回到亡者中心，協助亡者解決他應往何處去的問題。

第三章 現代的殯葬服務

第一節　現代殯葬業的處境

在傳統殯葬業出現的初期，社會雖然已經逐漸從農業型態轉型至工商型態，但是整個生活型態仍然維持在農業社會的步調。隨著工商社會的發展，人們的生活步調逐漸加快，生活節奏也變得愈來愈緊湊，慢慢地，人們對於生活的要求也愈來愈高。從最初只要活得下去就好，到不只要活著，還要賺更多以便享受更好的生活，到不只要生活得好，更要有品質，甚至於進一步要求個人所需的品質。這種對於生活品質的要求，最初是從生活本身開始的，不過，當這種要求開始全面化以後，它就不只停留在生活層面，還擴散到死亡層面。隨著對死亡品質的要求，傳統殯葬業也開始遭遇到這樣的衝擊。在瞭解傳統殯葬業的回應之前，我們先瞭解這種與死亡品質提升要求有關的趨勢。

首先，我們從癌症對待的方式切入。對現代人而言，癌症是一個非常棘手的疾病，它的出現不只衝擊到人們的生命，也衝擊到人們現有的價值觀。就生命的衝擊而言，癌症是一個可怕的劊子手。它除了會剝奪掉病人的生命以外，還會不斷折磨病人的身體與精神，讓病人處在痛苦的深淵。此外，它也會衝擊到人們現有的價值觀。對人們而言，一個人得到癌症與患有其他疾病的意義是不一樣的。一個人如果得到的是其他疾病，那麼他可以正常地對待他的疾病，而不需要承受其他人異樣的眼光，不過，如果他得到的是癌症，那麼他不只要承受他人異樣的眼光，也要承受自己對於自己的價值否定。

對於這些不同種類的疾病，人們為什麼要賦予不同的評價呢？

從疾病本身而言，不同種類的疾病在本質上並沒有不同，它們唯一的差異性，就在於一個會置人於死地，一個不會。問題是，即使是這樣的差異性也不見得如此，因為，有的疾病還是會置人於死地，例如心肌梗塞或腦血管破裂。可是，這些疾病就不會擁有類似於癌症的評價。相反地，我們對於這樣的評價多半是正面的。對於我們的善終要求而言，這些疾病通常較能符合死於安詳的標準。至於癌症的疾病，它不但會讓病人的臨終處於極端痛苦的狀態，還會讓病人無法死得安詳。所以，社會上的人們大致上認為這樣的疾病是上天對於人們的懲罰，是一種否定人們現世價值的天譴。因此，只要有人得到這樣的疾病，不是急於否認，就是治療到底，目的在於證明自己此生的清白。

根據這樣的想法，過去的癌症患者通常採取的策略不是置之不理，以至於延誤病情，就是治療到底生不如死[1]。這種對待的結果，不僅病人無法擁有一個較有品質的臨終，也無法擁有一個較有品質的死亡。然而，為了證明自己這一生的清白與肯定自己這一生的價值，病人與家屬只好投入這一場生不如死的惡戰。到了一九六七年，英國的桑德絲（Dame Cicely Saunders）提出了安寧療護（安寧緩和醫療）的照顧方式以後，這種惡戰的處境才有了改變。

對桑德絲而言，癌症病人並不是天譴的結果，他們只是過去醫療疏失的受害者。就醫療系統而言，一個人之所以成為病人，在於他有疾病需要治療，而且可以擁有痊癒的機會。如果一個病人不再具有痊癒的機會，那麼這個病人就沒有治療的價值，對於一個缺乏治療價值的病人，醫院通常採取的作法就是置之不理，這種不予理會的結果，使得病人處於痛不欲生的狀態。為了改變這種不人道的處置方式，桑德絲採取安寧療護的作法，設法控制病人的疼痛，讓病人可以安然度過臨終以及死亡的階段[2]。

這種新的照顧方式，在一九八三年開始受到台北榮民總醫院癌病治療中心主任陳光耀的注意，最初翻譯成「安終照顧」。之後，天主教「康泰醫療教育基金會」也推出癌末病患居家照顧服務。到了一九九〇年，台北基督教馬偕醫院更開辦了台灣第一個醫院附設的安寧病房。同年，又成立了「財團法人中華民國安寧照顧基金會」，全力推動安寧療護運動[3]。到了二〇〇〇年，立法院更通過了「安寧緩和醫療條例」，保障癌症病患的臨終與死亡權益。從此以後，台灣的癌症病人開始有了不同的對待方式，表示癌症不是一般人想像的那麼罪惡，它只是眾多疾病中較難治癒的一種。隨著這個運動的開展，癌症病人除了能夠得到比較妥善的照顧，讓自己的臨終可以過得更好以外，對於死亡的部分也有了立法的保障，讓病人免於急救的摧殘。以上這些措施都是改善我們臨終處境與死亡對待的作法，讓我們的臨終與死亡更有品質。

其次，我們從死亡禁忌的破除切入。過去，我們對於死亡禁忌的部分非常重視，認為這是維護我們生存極為重要的一個手段，一個人如果沒有死亡禁忌的保護，那麼他很容易就會陷入死亡的陷阱中。問題是，這種保護的結果，雖然讓某些人避開了死亡的陷阱，也讓大多數人忽視了死亡，一旦發現死亡突然出現，不是措手不及無法反應，就是深陷情緒的錯愕當中。如此一來，對於整個社會大眾並沒有帶來太多的好處，反而讓我們錯失面對死亡的良機。為了改變這樣的處境，我們需要調整自己面對死亡的態度。

早在一九七三年，台灣就有美國死亡教育大師羅絲（Elizabeth Kubler-Ross）的經典著作《死亡與瀕死》（*On Death and Dying*）的翻譯本。到了一九七九年，台灣師範大學的黃松元教授更為文推廣死亡教育。真正引起社會大眾注意的，是一九九三年旅美學人傅偉勳出版的《死亡的尊嚴與生命的尊嚴——從臨終精神醫學到現代生死學》。同年，台灣大學開設了生死學相關通識課程，造成社會極大回響。從此以後，整個社會開始談生論死，一時之間生死問題成為社會上極為熱門的話題。這樣的生死熱度，一直延續到一九九七年南華管理學院生死學研究所的成立。這些努力，無論是出版界相關書籍的出版，或是學術界相關問題的研究，或是教育界相關研究所的設立，在在都有助於台灣死亡禁忌的突破。

經過這些突破的努力，社會大眾對於死亡的態度有了不小的改變，雖然到目前為止，這樣的改變還不是全面性的，但是已經產生不小的回響。對於一般人而言，過去他們絕對不會隨便談生論死的，就算真的面對生死關頭，原則上他們還是抱持著僥倖的心理，認為死亡不會太快降臨。現在，有愈來愈多的人開始接受死亡的可能性，認為死亡的降臨不但可能，還需要進一步加以面對，因為他們十分清楚死亡不是本能就足以解決的問題，如果我們想要妥善處理自己的死亡，那麼事前的面對與準備是必要的措施。就是這種面對的心態，讓我們面對死亡的處境有了極大的改善，也讓我們臨終與死亡的品質得到了極大的提升。

在經過這些臨終與死亡品質提升的認識以後，我們現在可以回來討論傳統殯葬業如何回應的問題。對於傳統殯葬業而言，社會環境的改變是一回事，勇於突破既有的環境限制是另外一回事。雖然社會環境的改變有助於傳統殯葬服務模式的突破，但是這種突破無法完全靠傳統殯葬業自己的努力，因為站在傳統殯葬業的立場，過去的死亡禁忌制約讓他們不敢過於凸顯自己。如果社會有改變的要求，那麼這種改變也是由外在開始，絕對不是來自傳統殯葬業本身[4]。原則上，傳統殯葬業是站在捍衛過去傳統的立場。所以，傳統殯葬業採取的作法是以不變應萬變，認為過去的服務模式都可以存活，現在應該也沒有問題。就算是社會的要求已經有所改變，他們還是可以繼續等待，等候時機成熟以後再來調整自己也還來得及。

不過，經過事實證明的結果，我們發現傳統殯葬業的算盤打得太過如意，實際上，情況並沒有他們想得那麼樂觀。的確，傳統殯葬服務沒有必要改變得那麼快，可是這種改變也沒有他們想得那麼慢。基本上，當一九九四年國寶北海福座引進日本式的殯葬服務以後，傳統殯葬業就逐漸受到衝擊。起初，他們認為這樣的衝擊會在時間的推遲下逐漸淡化，但是沒有想到這種衝擊不僅沒有淡化，還迫使他們不得不改變自己[5]。不僅如此，國寶北海福座一九九三年推出的生前契約後來也影響到傳統殯葬業的服務方式[6]。由此可見，殯葬業還是要配合社會的脈動改變自己，否則就有遭受淘汰的危機。

就現代殯葬業的出現而言，他們一方面洞察了時代的需求，一方面看到了傳統殯葬業的弱點。在這種商機與弱勢的吸引下，他們採取主動的作為。由於他們不是傳統殯葬業出身，因此除了沒有傳統殯葬業的包袱外，還能夠較大膽地提出改革的作法。不過，他們所採取的新作法也不是自己的膽大妄為，而是以鄰近的日本為師。站在日本與台灣文化的相近性，他們認為這種服務方式應該可以獲得台灣民眾的認同，再加上台灣的經濟發展已經到達一定的高度，社會大眾更會要求死亡的服務品質。因此，改造傳統殯葬業成為創造現代殯葬業的利基所在。

然而，這種殯葬服務改革的結果有沒有改變殯葬業的基本處境呢？對於這個問題的答案，我們可以從兩方面來看：一方面我們可以說改變不大，另一方面我們也可以說不是沒有改變。

就前者而言，所謂的改變不大，意思是說幾乎沒什麼改變。之所以會這樣，是因為有關死亡的禁忌還是一樣的維持，即使有所減弱，幅度也還不到整個改變的程度。因此，一般人平時對於現代殯葬業雖然採取較為寬容的態度，但是遇到特殊的慶典時仍然會在意[7]。就在這種氣氛的影響下，現代殯葬業依舊無法突破傳統殯葬業的服務限制，正式成為日常生活中的一環。

就後者而言，現代殯葬業的服務處境固然沒有太大的改變，可是我們也看到了改變的契機，就是殯葬服務的被接受度提高了不少。對社會大眾而言，現代的殯葬業不再是卑微的邊緣行業，它已經逐漸成為較高級的服務產業。尤其是在經濟不景氣的現在，我們更可以看到這個行業的希望。對於這個希望，有人甚至戲稱是目前夕陽產業中最有願景的一個[8]。

第二節　現代殯葬業者的作為

那麼，現代的殯葬業者如何在不可能的情況下扭轉社會大眾的印象？首先，他們採取與傳統殯葬業者全然不同的策略。對傳統殯葬業者而言，符合社會的形象要求是一件很重要的事，倘若沒有符合社會的形象要求，他們擔心社會會拒絕接納他們。不過，現代殯葬業者看法截然不同。對他們而言，由於他們原先並不是傳統殯葬業者，再加上之前的納骨塔塔位預售成功，使他們覺得傳統殯葬業社會形象的改造不是不可能。如果我們希望這種改造能夠成功，那麼傳統殯葬業的重新定位是很重要的。

於是，他們就在台灣之外尋求新形象的可能參考對象。最後，他們在日本的殯葬服務中尋找到可以參考的對象。這個參考的對象有個很特別的想法，那就是不認為自己是社會的邊緣行業，而認為自己是社會上高級的服務行業。基於這樣的想法，他們以社會上流人士的形象作為自己形象塑造的參考[9]。對於現代殯葬業者而言，這種全新的自我認知是一種很好的自我改造策略，他們認為只有這樣的自我改造，殯葬服務才有機會讓社會大眾耳目一新。因此，他們在傳統殯葬業的社會認定下另闢蹊徑，重新塑造現代殯葬業的新形象。

表面看來，這條自我改造的路應該不會太過艱辛，但事實上，這條自我形象重塑的路十分難為，因為他們一方面要對抗傳統殯葬業的保守抗拒，一方面要對抗社會大眾的保守作法。在經過多年的努力，我們發現他們最後還是成功改造了傳統殯葬業者的形象。以下，我們分別敘述這種新形象的內涵[10]。

就服裝儀容的部分而言，現代殯葬業者提供另外一種選擇。對他們而言，殯葬服務不是一種邊緣服務，而是一種核心服務。因此，這種服務必須擁有社會公認最正式的打扮，就我們社會目前公認最正式的打扮，就是西裝領帶的打扮。當一個人去世以後，如果我們的殯葬服務業者不是穿著內衣短褲去服務，而是穿著西裝打著領帶去服務，對喪家而言，一定會覺得倍感尊榮。

這種形象改造的結果，使得社會大眾認為原來殯葬服務也可以很正式，不見得要像過去那樣隨便，更重要的是，社會大眾常常要求親人的後事要辦得風風光光的，卻忽略了殯葬服務人員也是其中的一環。如果從事殯葬服務的人員都隨便穿著，那麼整個風光的喪事看起來也就很難太風光了。所以，就外在形象的塑造而言，穿西裝打領帶的方式可以賦予整個殯葬服務較高級的社會印象。

此外，儀容部分也很重要。過去殯葬服務被詬病的部分，除了穿內衣著短褲讓人覺得隨便以外，蓬頭垢面鬍鬚不刮也是讓人覺得隨便的地方。對喪家而言，親人的喪事不是廢棄物的處理，所以不需要清潔隊員的蒞臨服務，相反地，親人的喪事是很重大的事情，需要殯葬服務人員很正式的服務。因此，把頭髮整理得光鮮亮麗、容貌修整得容光煥發，是殯葬服務人員應有的儀容。只有這樣的表現，才能讓喪家覺得整個服務是有水準的，也才能讓喪家覺得他們的親人被送得很有尊嚴。

接著，我們討論言談舉止的部分。過去認為殯葬服務人員必須符合社會下層人士的談吐形象，因此三字經成為殯葬服務人員的口頭禪，也讓社會大眾誤以為殯葬服務人員都是黑道分子。現在，為了配合穿西裝打領帶的新形象，殯葬服務人員再也不能滿口三字經，而必須在言談上表現出上流社會的氣質。職是之故，他們只能輕聲細語、溫文儒雅的說話。這種形象的改造，使得社會大眾對殯葬服務人員的印象有了一百八十度的轉變。無形中，也一改殯葬服務人員都是黑道的印象。

除了言談部分的重新塑造以外，對於舉止動作的部分也是一樣。過去以粗魯作為傳統殯葬服務人員的典型代表，現在則以溫柔體貼作為現代殯葬服務人員的典型代表。這種形象的改造，關鍵在於社會的認知意涵。對社會的認知而言，粗魯表達的是野蠻的意涵，溫柔則表達文明的意涵。現代殯葬服務人員希望給社會一個全新的印象，讓社會大眾能夠尊重殯葬服務人員，那麼殯葬服務人員就必須有所自省，拿出值得社會大眾尊重的形象。這種形象就是一個文明的形象，而不是過去的野蠻形象。因此，殯葬服務人員的舉止動作必須表現出溫柔體貼的特質。

其次，我們討論現代殯葬業者的行銷方式。過去，傳統殯葬業者幾乎沒有所謂的行銷方法。如果硬要說有的話，那也是透過村里長的人脈管道，整個感覺就是殯葬業是個見不得人的行業，只有通過暗地裡的方式才能生存。現代殯葬業者則採取不同的作法，雖然整個過程十分艱辛，但是所達成的效果卻是值得的。對他們而言，殯葬服務不是一件見不得人的事，它的黑暗不在於殯葬服務本身，而在於我們對它的定位。只要我們勇於改變自己的觀念，那麼殯葬服務也可以很陽光。於是，他們就藉著形象包裝的方法重塑殯葬服務的形象。

在整個改造過程中，現代殯葬業者知道如何利用傳播媒體無遠弗屆的特質，逐步提升殯葬服務的形象。例如把人的死亡形容成有如天國之旅，殯葬服務人員就是將人送往天國的航空服務人員。如此一來，殯葬服務人員就與航空服務人員的形象連結起來。在社會的評價當中，航空服務人員是高級服務人員，通過這樣的連結，無形中殯葬服務人員也讓人有了高級服務人員的聯想。經過這樣的間接改造方式，讓社會大眾對於現代殯葬業有了一個新的印象。

在這種間接塑造的基礎上，現代殯葬業者再進一步秀出殯葬服務人員的新形象，讓社會大眾瞭解現在的殯葬服務已經進入高級服務的境地。例如在傳播媒體上直接秀出殯葬服務的片段，使社會大眾可以直接目睹目前殯葬服務的作為。此外，現代殯葬業者也懂得結合學術界與教育界來行銷自己，讓社會大眾瞭解現代的殯葬服務不同於以往的土法煉鋼，已經進入專業服務的領域。

再次，我們討論現代殯葬業者洽談生意的方法。過去傳統殯葬業者洽談生意的方法是以隱瞞為要，認為只有在隱瞞的情況下，才能獲得喪家的接受與保障自己的生意利益。不過，現代殯葬業者的思考方式不太一樣。對他們而言，隱瞞是一種欺騙的行為，如果做生意要奠基在隱瞞的作法上，那麼消費者不但不會信任我們，還會認為我們是否有什麼不可告人的秘密。因此，體認到目前社會消費意識的高漲，他們認為透明化是一個最佳的銷售策略。所以，他們不再使用傳統的隱瞞策略，反而將整個殯葬服務攤在陽光下，讓消費者有機會在使用前一一清楚的檢視。通過這種作法的改變，他們不僅將服務的項目一一列表，更將服務的價格一一顯示在服務的價目表上。

除了服務項目與價目表的透明化，現代殯葬業者也將洽談生意的場所陽光化。過去傳統殯葬業者在洽談生意時通常是在自己的店裡，讓消費者的感覺很陰暗，雖然這種陰暗不是傳統殯葬業者有意的安排，而是社會形象認定的結果。可是，對喪家而言，親人的去世已經很陰暗了，現在又要在陰暗的角落洽談整個治喪的事宜，感覺上更顯得陰暗。為了緩解親人去世的陰暗，讓喪家覺得人間尚有關懷的溫暖，現代殯葬業者十分重視洽談生意空間的規劃。例如他們會在辦公的地方以外特別規劃出一間洽談室，目的除了方便與喪家洽談治喪事宜，也可以保障喪家治喪的隱私權。此外，對於洽談室的布置，現代殯葬業者很重視溫馨的感覺，希望提供喪家一個安全舒適的環境，讓喪家可以安心地將喪事託付給殯葬業者。

最後，我們討論現代殯葬業者服務的內容。過去，傳統殯葬業者是以傳統禮俗作為服務的依據。不過，由於受限於死亡禁忌，他們只能在初終以後才提供殯葬服務，這種提供的結果，使得他們成為遺體的處理者，而不是死亡問題的關懷者與解決者。對於這種服務的處境，現代的殯葬業者是否有所不同？表面看來，現代殯葬業者的確不同於以往的傳統殯葬業者。雖然死亡禁忌的餘威猶在，但是現代殯葬業者仍然希望能夠有所突破。

例如他們利用生前契約的作為，讓消費者在不知不覺之中就接受了殯葬服務的觀念。此外，他們也利用臨終諮詢的服務，讓消費者事前就瞭解殯葬服務的內容[11]。這些積極作為的目的，一方面是希望突破死亡的禁忌，讓消費者能夠正常接納殯葬行業的存在，一方面是希望藉著這樣的先期服務，讓消費者成為殯葬行業的預占客戶。藉著這些作為上的突破，現代殯葬業者已經產生超越傳統殯葬業者的效果。

可是，作為上的超越並不代表本質上的改變。對現代殯葬業者而言，殯葬服務的依據並沒有改變，依舊是傳統殯葬禮俗。固然他們在作為上已經逐漸向臨終的方向移動，但是這種移動的目的不在於擴大服務的範圍，只在於創造行銷上的通路與效果。所以，就服務內容來看，整個殯葬服務的改變不大，仍然受限於傳統殯葬禮俗的規定。

第三節　現代殯葬服務的模式

既然現代殯葬服務的內容與傳統殯葬服務沒有太大差異，那麼這是否表示兩者的服務是一樣的？其實，這樣的理解是一種錯誤。表面看來，在服務的內容上兩者確實沒有太大的差異。例如在殯葬服務進行時，兩者都是依據傳統禮俗的規定，經過殮、殯、葬、祭的程序處理喪事。

不過，如果我們深入整個服務內容，就會發現其中的差異。對傳統殯葬服務而言，行禮如儀是一個很重要的服務使命，問題是，這樣行禮如儀的結果並沒有讓我們的殯葬服務得到更多的肯定，相反地，這種作法的結果引起更多的質疑。例如消費者會質疑我們的專業，認為我們之所以行禮如儀是因為我們自己也不懂的結果。

另外，消費者也會質疑禮俗的內容，認為傳統的殯葬禮俗是屬於過去的農業社會，現在社會都已經進展到了工商時代，甚至於資訊時代，我們為何還要接受這樣的殯葬禮俗呢？面對這些質疑，傳統殯葬業者一律以自古皆然作為標準答案[12]。過去在死亡禁忌的淫威下，這樣的答覆具有一定的嚇阻效果。現在消費意識高漲，消費者有其知的權利，我們必須提供合理的解答。因此，現代殯葬業者必須依據消費者提出的問題給予合理的解答。例如他們會針對上述的問題一一提供相關的解釋，讓消費者瞭解這些作為都有一定的意義，不是任意安排的。

換句話說，現代殯葬業者與傳統殯葬業者最大的不同點，在於面對問題態度的不同。前者認為問題的提出是消費者的權利，答案的提供是業者的義務；後者則認為問題的提出是沒有意義的，要不然就是故意找碴。基於這種面對問題態度的不同，現代殯葬業者會要求自己的服務必須帶有知識性，使自己的服務進入專業的領域。以下，我們對於現代殯葬服務模式做進一步的說明。

首先，我們從臨終諮詢的部分說明起。雖然前面曾經提到過現代殯葬業者的臨終諮詢行銷功能大於服務功能，不過我們認為這一部分依舊有其服務的作用，需要做進一步的說明。所謂的臨終諮詢主要功能在於提供喪禮流程的諮詢，讓一般不瞭解整個喪禮流程的消費者可以事先有個管道瞭解，同時，藉著這種諮詢的過程取得殯葬服務的商機。

此外，為了避免讓消費者認為這樣的諮詢直接與殯葬服務相關，現代殯葬業者還提供與死亡有關的法律諮詢。例如有關死亡處理所需的法律文件。對一般人而言，他們平常是不會特別去關心這樣的問題，但是一旦遭遇親人的死亡，他們就必須知道如何合法地處理親人的死亡。這時，這樣的管道就會產生一定的效用。

又如遺產分配的法律諮詢。對於喪家而言，他們平常對於遺產的相關法律規定可能沒有概念，現在突然遭遇親人的死亡，一時之間也不知道應該向誰請教。此時，殯葬業者如果可以提供簡單的諮詢，對喪家必定可以產生不小的助益。

由此可見，這些諮詢的服務，對喪家而言，都是有必要的即時服務[13]，也因為這些服務的提供，使得現代的殯葬服務得以往臨終的方向延伸，擴大整個殯葬服務的效果。

其次，我們討論初終的服務。過去由於傳統殯葬業者只能在臨終者死亡之後才有機會進入喪家，因此對於初終的部分很難提供什麼服務。現在隨著醫療的普及，社會大眾一般的臨終幾乎都發生在醫院當中，所以，藉著醫院太平間外包的標案[14]，現代殯葬業者有機會進入醫院的服務體系，提供喪家有關初終的服務。

當病人從臨終進入初終狀態以後，護理人員就會通知太平間的承包業者前往病房接體。這時，殯葬業者為了承攬喪事，通常他們會提供初終關懷的服務。例如充滿敬意地向遺體致意，很專業的移置遺體，關懷家屬與引領家屬。此外，他們更告訴家屬如何讓初終的親人對自己的病情釋懷，像是提供「病好了」「回家了」等等說辭。

接著，我們討論殮、殯、葬部分的服務。就殮的部分而言，傳統殯葬業者只能依據過去的殯葬禮俗要求提供服務。例如靈堂布置就一定要按照過去的方式布置，不能任意改變。由於靈堂是臨時設置出來的，因此只能就地取材，所以顯得很簡陋。相反地，現代殯葬業者在這個部分就顯得專業多了。他們發現靈堂雖然是臨時布置出來的，但是可以事先準備好制式的靈堂。這樣不但能夠有效地提升服務的質感，也可以免去準備時的困擾。

又如關於遺體淨身的部分。傳統的殯葬業者只知道利用往常的方式幫遺體淨身，卻沒有想到改變淨身的方式。相反地，現代殯葬業者就會站在服務與商機並重的立場，思考如何改變淨身的方式。結果他們師法日本，不再使用毛巾擦拭，改用湯灌車沐浴的方式處理。同樣地，對於壽衣的部分，現代殯葬業者也採取不同於傳統殯葬業者的作法。就傳統殯葬業者而言，壽衣的樣式與穿著有一定的規矩，不可任意改變。但是，就現代殯葬業者而言，這樣的樣式與穿著規矩都可以隨著個人需要而改變。因此，決定壽衣規矩的不是殯葬業者，而是亡者與家屬。

就殯的部分而言，傳統殯葬業者也是依照傳統殯葬禮俗的規矩行事。例如守靈的部分，傳統殯葬業者會要求喪家準備相關的用品，認為這是喪家的責任。但是，現代殯葬業者則站在服務的立場，有另一種思考，認為幫忙準備相關用品是一種減輕喪家壓力的服務。這樣做的結果，一方面讓喪家覺得業者服務很周到，一方面也讓業者多一些賺錢的機會。

另外，有關告別式式場的布置與執行部分。就告別式式場的布置而言，傳統殯葬業者是以制式的布置為主，認為這樣的布置才能符合社會的禮俗要求。相反地，現代殯葬業者認為傳統的制式布置方式已經不合時宜，不僅無法緩解喪家的喪親之痛，還會帶來有關死亡的不好聯想。因此，在布置上就應該提升布置的質感，增加布置的溫馨性。不僅如此，他們認為還可以增加一些科技的產品，例如有關回憶錄的影音效果，讓整個告別式變得更加豐富[15]。

至於奠禮執行的部分，傳統殯葬業者是以傳統殯葬禮俗的要求為主，因此整個典禮過程都由司儀負責安排執行。這種處理的結果，使得亡者與喪家成為奠禮會場上的配角，司儀反而成為主角。現代殯葬業者有感於這種安排與執行上的缺失，所以開始有些微的改變。例如祭文不一定要由司儀來撰寫，也可以由家屬來撰寫。祭文不一定要由司儀來朗讀，也可以由家屬自行朗讀。這種改變的目的只有一個，就是凸顯告別式不是殯葬服務人員的告別式，而是亡者與家屬的告別式。

就葬的部分而言，傳統殯葬業者一樣受限於傳統殯葬禮俗。過去有關出殯行列的部分，傳統殯葬業者認為陣頭的多寡反映喪家社會地位的高低，因此在服務喪家時通常會盡力鼓吹。不過，現在在法令的限定下，這一類的陣頭不再那麼盛行。對現代殯葬業者而言，陣頭的逐漸消失是一個社會趨勢。為了因應這個趨勢，他們取法日本與美國，把整個出殯行列的重心轉向靈車本身，所以送葬的隊伍雖然減少了，但是慎重的感覺卻增加了。

此外，有關葬法的部分，傳統殯葬業者以土葬處理為主，後來隨著時代潮流的變化，火化進塔成為殯葬處理的主流，傳統殯葬業者也跟著配合。現代殯葬業者除了配合這些葬法的轉變外，還試圖嘗試新的葬法。例如太空葬與自然葬的推動[16]。對他們而言，這些新葬法的推動一方面固然可以配合時代的潮流，提供較有意義的葬法，一方面還可以走在時代的前面，預占殯葬的未來市場。

最後，我們討論後續關懷部分的服務。就傳統殯葬業者而言，後續關懷的部分無非就是祭的部分。從祭的整個過程來看，它不只是出現在整個喪事的後段，實際上，它是從最初一直貫穿到最後。不過，由於整個喪事的時間不斷縮短，無形中讓祭的部分就不斷地往後移，彷彿祭本來就在喪事的最後。例如有的喪事已經縮短到七天，甚至於三天，所以祭的部分不知不覺就與後續關懷的部分結合起來。

對現代殯葬業者而言，這種結合讓他們發現進一步服務的商機。從過去的服務經驗來看，一旦喪事辦完，也就是殯葬業者該退場的時候。雖然有做百日、對年、三年的後續部分，但是這一部分是由宗教人士負責，而不是殯葬業者。因此，殯葬業者很難在喪事辦完之後，還有機會與喪家接觸。現在，藉著後續關懷的服務，現代殯葬業者發展出進一步接觸的管道。

對現代殯葬業者而言，這樣的接觸當然不能只是做百日、對年、三年的通知。因為，如果只是單純的通知，那麼這樣的通知也很難達到進一步聯繫的效果。因此，為了表示他們的關懷，現代殯葬業者除了通知以外，還包含接送的服務。此外，為了加強服務的效能，他們也採取電話關懷與卡片關懷的作法，讓喪家感受到他們關懷的真意。至於整個服務狀況的瞭解，他們提供滿意度問卷調查表給喪家填寫，以便瞭解喪家的意見，作為未來改善服務的參考。

第四節 現代殯葬服務有待解決的一些問題

從上述的探討中，我們發現現代殯葬服務模式與傳統殯葬服務模式，雖然在本質上沒有太大差異，但是在服務內容的擴充上，使我們覺察到一些可能的轉變。只是目前的轉變還沒有那麼明顯，以至於很難判斷這樣的轉變是否足以帶來本質上的改變。如果我們希望促成這樣的改變，那麼對於現代殯葬服務的一些作為，就必須有更完整與深入的規劃。

首先，就臨終諮詢的部分來看。對現代殯葬業者而言，臨終諮詢不只是服務管道，更是行銷管道，因此它的諮詢內容以具體實用為目的。問題是，臨終諮詢如果全然以行銷為標的，那麼就很難完全滿足服務的需求。從服務的角度來看，臨終諮詢是要解決臨終者與家屬面對死亡所產生的問題。

在這些問題當中，有的問題的確非常具體，需要給予具體的解決。例如有關遺產與遺物分配的問題、死亡處理所需的法律文件問題、初終時要不要急救的問題等等。不過，有的問題就比較抽象，需要給予抽象的解決。例如有關此生意義的問題、死後生命歸趨的問題等等。

無論是具體或抽象的問題，在協助臨終者與家屬安然面對死亡的服務中，都是我們需要解決的問題。所以，對現代殯葬業者而言，如果他們真的希望好好發揮臨終諮詢的服務功能，那麼必須進一步思考臨終者與家屬面對死亡可能產生的問題，這樣才有可能讓整個服務得到完整的成效。

其次，就殮、殯、葬服務的部分來看。現代殯葬業者的服務已經不同於以往，他們不僅改善殮、殯、葬的服務品質，還進一步提供新的服務設備與內容，讓整個服務更貼合於喪家的需求。但是，只有這樣的改善其實還是不夠。最大的理由是，這些改善的構想不是依據喪家的需求，而是依據行銷的需要。因此，我們需要改變整個服務的角度，讓服務回歸需要者的角度，而不是服務者的角度。

例如湯灌車的引進就是一個很好的作法[17]。對於亡者而言，過去使用毛巾蘸水擦拭的作法不是一個合適的作法，其中其實含有死亡禁忌的色彩在內；但是，湯灌車的引進讓亡者得以享有生者的權益，使得亡者不再不夠乾淨的離開人間，而能夠像生者一樣地受到接納。雖然如此，這並不表示業者的引進就是直接以亡者的需求作為衡量的重點，實際上，業者的引進是以行銷的考量為主。所以，他們才會以SPA作為宣傳的主軸。如果他們真的是以亡者與家屬的需求作為考量的重點，那麼就應該把宣傳的重心放在湯灌車上，說明這樣的使用對於亡者與家屬有什麼樣的幫助。職是之故，未來有關新的服務作法或產品的引進是需要調整考慮的角度，從亡者與家屬的需求出發。

最後，就後續關懷服務的部分來看。前面有關後續關懷的一些作為，例如做百日、對年、三年的通知與接送，電話與卡片的問候，甚至於是親訪的關懷，以及滿意度的問卷調查，雖然都有助於殯葬服務的提升，但是站在悲傷輔導的立場上，這些作為還是不足以化解喪親所帶來的傷痛。當然，有人可能會說，這些作為的目的不在於解決喪親之痛，只是為了強化行銷的效果。可是，如果我們認為殯葬服務的真正目的，在於協助亡者與家屬化解死亡所帶來的問題，那麼就不能只停留在行銷效果的考慮上。

為了真正落實悲傷輔導的效果，我們除了在臨終的時候提供相關的臨終關懷以外，也要在整個喪禮處理的過程中，藉由意義的瞭解與活動的參與緩解家屬的悲傷情緒，更要在整個喪禮完成之後給予後續的關懷，讓家屬發現在亡者不在的日子，還是有殯葬服務人員最真摯的關懷存在，所以我們需要一些相關的作法。例如在辦完喪事以後的持續關懷。這種關懷不只是提供家屬陪伴與傾聽的功能，還提供紓解家屬有關死亡困結的功能。藉著這樣的關懷，一方面幫助家屬從喪親的困境中走出來，一方面幫助無法脫離困境的家屬尋求更高專業的協助。

習 題

一、現代殯葬業的處境為何？請說明。

二、現代殯葬業者有何新的作為？請舉例說明。

三、現代殯葬服務模式內容為何？請簡述。

四、現代殯葬服務有何不足之處？請簡述。

案例

老張是位大學教授，平常就喜歡上網搜尋一些稀奇古怪的資訊。因此，對於網路上有哪些特別的訊息，他都掌握得非常清楚。有一天，他的朋友來電告知，希望他能夠提供有關殯葬方面的訊息，因為這個朋友的母親最近做了全身健康檢查，醫生告訴他一個很不好的消息，就是他母親的肺癌已經進入末期，剩下的日子實在不多，需要提早準備後事。因此，在得知這個消息以後，他不得已只好請教老張，看接下來該如何處置。老張在得知這位朋友的需求以後，根據他以往從網路上獲得的殯葬資訊，提供一些建議給這位朋友。

根據他往常上網的經驗，他建議他的朋友可以先與這些殯葬公司聯絡，看他們能夠提供什麼樣的服務。這樣做的用意有兩個：一個是確認這些公司是否真的有這樣的服務，一個是確認這些公司的服務品質是否真的像網路上所說那樣；其次，從這些公司的建議當中，再看有哪些事情是可以先行準備的，避免母親突然死亡所造成的措手不及。他的朋友在聽了他的建議以後，就開始與這些殯葬公司聯繫。有的公司一接到他的電話，就立刻要求他留下電話，想要與他做進一步的接觸。有的公司就不一樣，只是告訴他有什麼東西可以先準備，在準備中需要注意什麼，如果還有問題，歡迎他再來電詢問。經過這樣的詢問過程，他發現主動要他留下電話的公司，生意痕跡太過明顯，他不太喜歡。至於只提供諮詢，而沒有太多其他要求的公司，他認為較有服務誠意。最後，他決定前往這家公司拜訪看看，是否真的像電話中所說那樣。

在經過這樣的查詢過程以後，他發現這家殯葬公司服務真的不錯。當他前往詢問時，負責接待的禮儀師，將他帶往一個隱蔽明亮的會談室與他洽談。在洽談過程中，他將自己目前的處境說給這位禮儀師聽，當她聽完以後，她就提供一些建議給他。例如有關安寧病房的訊息，初終時是否要採用CPR的問題，以及喪禮的安排是否有徵詢過母親意願的問題等等。在洽談完畢後，他認為獲益良多，所以他就跟這位禮儀師要了名片，希望未來母親的喪事可以交由她來處理。

過沒多久，老張朋友的母親果然去世了。由於先前的準備，所以他雖然顯得悲傷，卻沒有失去冷靜。在與那位禮儀師通過電話以後，他按照她的交代，告訴躺在病床上的母親說：「病好了！回家了！」根據醫院的規定，禮儀師是不能直接進入病房接體的，除非她是醫院太平間的承包業者。因此，他們只好約在醫院外面相見，等到完成接體手續以後，她就陪同他一起把母親的遺體送往殯儀館冰存。在完成手續後，他就和禮儀師一起前往殯葬公司洽談喪事內容。洽談中，他按照母親的遺願進行樹葬，採取佛教的儀式，以簡單肅穆為要。經過一個禮拜的折騰，母親喪事終於圓滿結束，由於先前禮儀師的提醒，他發現自己對於喪事較沒有遺憾。雖然在整個過程中，他還是發現一些事先沒有想到的問題。例如母親的病是否真的好了？藥懺是否一定要做？做了以後是否真的有效？等等問題，真希望禮儀師之前就能夠提醒與解答，可是現在事情已經發生過了，就算再提起，好像也無濟於事，徒增困擾罷了！

註釋

[1] 請參見尉遲淦主編，《生死學概論》（台北：五南，2007年10月），頁98-99。

[2] 請參見尉遲淦主編，《生死學概論》（台北：五南，2007年10月），頁96-97。

[3] 請參見鈕則誠、趙可式、胡文郁編著，《生死學》（台北：國立空中大學，2002年8月），頁166-167。

[4] 此處所謂的外在因素，主要指的是業外的加入。例如國寶北海福座就是從保險業過來的，而龍巖則是來自於電子業。

[5] 例如開始模仿現代殯葬業者的服裝儀容與談吐，不但穿西裝打領帶，在客戶面前也漸漸不抽菸、不吃檳榔，甚至於不吐三字經。

[6] 例如有的業者就開始想辦法，也推出自己的生前契約。

[7] 例如在結婚喜慶時，祝壽宴席上，一般人還是很在意殯葬人員的出現。

[8] 關於這一點，我們可以在最有希望的十大行業說法中見到。

[9] 請參見尉遲淦主編，《生死學概論》（台北：五南，2007年10月），頁177。

[10] 請參見尉遲淦著，《禮儀師與生死尊嚴》（台北：五南，2003年1月），頁9-12。

[11] 雖然這種諮詢的效果不太好，但是在網路日益受重視的今天，這種行銷的方法還是值得肯定。

[12] 請參見鄭志明、尉遲淦著，《殯葬倫理與宗教》（台北：國立空中大學，2008年8月），頁71。

[13] 請參見尉遲淦著，《禮儀師與生死尊嚴》（台北：五南，2003年1月），頁35-37。

[14] 目前參加醫院太平間標案的公司，以萬安和台灣仁本兩家規模最大。至於其他參加標案的公司，通常是規模較小的在地殯葬業者。

[15] 到目前為止，有關回憶錄製作的深度，首推台灣南部的懷恩祥鶴殯葬公司。

[16] 雖然環保葬的概念已經成為現在有關葬法訴求的主流，但是實際的成效卻很有限。關於這個問題，可能還需要主管機關從整體的角度再傷腦筋。

[17] 在台灣，最早引進湯灌車的公司是龍巖。後來雖然有很多家公司也加入，但是到現在為止，還是以龍巖做得最好、最有創意。

殯葬服務中臨終關懷出現的契機

第一節　殯葬服務的現代處境

對殯葬業者而言，不同時代有不同的處境，面對不同的處境，就必須有不同的回應方式。對傳統殯葬業者而言，社會的處境是不容挑戰的，基本上他們只能予以配合，如果他們想要挑戰現有的處境，那麼結果一定是非死即傷。為什麼會這樣呢？這是因為挑戰現有的處境，就是意味著挑戰現有的存在秩序，對整個社會而言，維持社會的永續發展是社會的最高目標，為了達成這個目標，凡是會妨礙這個目標達成的因素都在排除之列。

在此，死亡禁忌就是達成這個目標的必要因素之一，如果沒有死亡禁忌的協助，那麼死亡就很容易進入社會當中，破壞社會既有的發展，使得社會無法達成永續發展的目標。由於殯葬業的服務對象就是死亡，經由死亡的服務，殯葬業就被社會定位為死亡的代言人。因此，殯葬業如果想要挑戰既有的社會形象，就會被認為是想要挑戰死亡禁忌，破壞社會現有的秩序。所以，我們才會說這種挑戰的結果是非死即傷。

可是，如果社會沒有配套的措施讓殯葬業者能夠生存下去，那麼殯葬業者為了生存的需要，還是會冒險挑戰既有的處境。為了避免這種情形發生，社會對於殯葬業者雖然採取打壓的方式，卻也提供一條生存之路，那就是不斷告訴社會大眾，殯葬是死亡的化身，生人最好勿近。在這種教育的長期薰陶下，社會大眾逐漸對殯葬業形成根深柢固的印象，認為這種行業是碰不得的行業，一旦不小心碰到了，可能就會惹來死亡之禍。

受到這種印象的引導，社會大眾主動遠離這個行業，沒有一個人願意進入這個行業。因此，這個行業的參與者他們的生存就受到了保障。雖然這種保障的代價就是遠離人群，但是對於這個行業的從業人員而言，隔離固然痛苦，沒有飯吃更是痛苦。

除了這種隔離的作為以外，社會還讓殯葬業的執業領域固定化。換句話說，每一個葬儀社在服務時，他只能在他所處的地盤當中服務，絕對不允許他跨出自己的地盤進入他人地盤搶生意。透過這種生意來源的無形分配，每個殯葬業者都有自己的飯可以吃，既不會餓死，也不會吃太飽。因為，如果餓死了，那麼社會上的殯葬事務就沒有人處理；但是如果吃太飽，那麼他們就會想辦法脫離這個行業。為了維持這個行業的穩定性，讓社會的死亡事件有人處理，社會必須採取這樣的配套措施。

現在，隨著社會的腳步變遷，殯葬業的相關處境也出現了變化。對他們而言，社會不再是一成不變的社會，而是出現了變化的可能。不過，由於過去對於他們的壓制，使得他們在因應社會的變遷時，基本上仍然採取被動的策略，問題是，這種被動的策略並沒有辦法適切地解決社會變遷的問題，反而讓原先不屬於這個領域的人乘機進入這個領域，造成這個行業更大的衝擊。例如一九九〇年國寶集團的進入，一九九二年龍巖集團的進入。

雖然如此，這些人的進入，對於整個行業形象的改造卻不見得不好。因為，這些原先屬於社會其他行業的人帶進了其他行業的主動觀念，使得殯葬業出現了其他因應方式。就是這種主動的因應方式，讓這個行業不再困守於社會既有規範的限制，開始主動尋找突破社會既有印象的契機。以下，我們分幾點說明這種變化的情形。

第一點，我們要說明的是，過去的殯葬業由於受限於社會的死亡禁忌，因此他們的服務是屬於定點式的服務。在這種定點服務的限制下，他們能夠掌握的客源自然受到地域的限制，只能服務有限的客戶，但是在社會變遷的影響下，這種服務方式出現了一些盲點。

例如隨著都市化的結果，許多人從鄉下遷移到都市。在都市當中，人與人的關係不再像過去鄉下那樣緊密，甚至於可以說一點關係都沒有。因此，當這些人家中有了死亡事件出現時，他們就需要殯葬人員的協助。這時，我們發現傳統家鄉的葬儀社無法提供外地的服務，所以必須請居住當地的葬儀社辦理。這種殯葬處理的情形，讓我們發現殯葬服務可以不是定點式的服務。

此外，有的人在遷移到都市以後，長輩留在老家，各過各的生活。當老家的長輩去世時，雖然他們需要回家辦喪事，但是基於離家太久的因素，以及對老家辦喪事水準的不信任，他們可能會就地利之便，另外尋找葬儀社處理。這是現代殯葬脫離區域性服務的另一個契機。

最後，現代人習慣出外旅遊，隨著旅遊機會的增加，發生意外的情形也跟著增加，但是，如果我們的殯葬服務侷限於一地，那麼遇到這樣的死亡情形，就無法給予方便的處理。為了因應這樣的情況，我們需要改變殯葬服務的方式，不再侷限於固有的地域。經過上述的說明，我們發現定點服務的方式已經無法滿足現代人的殯葬服務需求。

第二點，我們要說明的是，過去的殯葬服務之所以採取定點服務的方式，是因為一般人的喪事都是在家中辦理的。因此，他們在決定喪事要委託誰處理時，只要在家的附近尋找即可，這時，家附近的葬儀業者就可以滿足需求。

可是，現在的情形不太一樣。大多數的人死亡時，通常不是死在家裡而是醫院[1]。當他們死在醫院時，雖然有的人會要求回家，但是大多數的人可能直接就送殯儀館，如果死的時間太晚，那麼在來不及送殯儀館的情況下，他們會在醫院的太平間暫時寄存。無論病人死亡的時間為何，死於醫院是一種很大的轉機。

過去由於死於家中，因此不方便在死亡前就與葬儀社聯絡好。所以，為了避免不孝罪名的指控，只好等死了以後再通知葬儀業者處理。現在由於死亡的地點改在醫院，醫院就比較沒有家中的禁忌，再加上病人的死期可以預期，為了避免死亡突然降臨所帶來的手忙腳亂，家人是有必要事先做準備。就是這種因應的需要，使得現代殯葬業者思考如何在死亡前就提供殯葬服務的可能。

第三點，我們要說明的是，過去在死亡禁忌的影響下，人們對殯葬採取負面的看法，認為殯葬就是死亡的化身。因此，他們將殯葬服務定點化，認為這樣做的結果可以免除死亡對我們的威脅。可是，免除死亡的威脅是一回事，使我們無法自主處理自己的殯葬是另外一回事。何況，這種有關死亡威脅的免除只是主觀的想像，而非客觀的事實。所以，殯葬服務被動化的結果，使我們只能依照傳統殯葬禮俗的規定處理自己。

問題是，這種處理的結果並沒有辦法安頓我們的生死。對我們而言，生命要怎麼過應該由我們自己決定，同樣地，死亡要怎麼處理也該由我們自己決定。唯有在自主決定的情況下，我們才會認為這樣的處置方式是我們自己要的，也才有所謂的尊嚴與圓滿。如果我們無法自主的自我決定，那麼無論後事辦得多麼風光，都與我們無關。在這種殯葬自主的要求下，現代殯葬業者看到殯葬服務往前延伸的契機。

從上述三點的說明來看，現代殯葬業者開始採取企業化的方式改造傳統殯葬服務。首先，為了擴充服務的對象增加客源，他們打破過去定點式、區域式的服務，改採多點式、全國式的服務。其次，為了直接從醫院獲得客源，他們打破過去被動式的服務，透過醫院的太平間系統主動爭取客源。最後，為了市場的預占，他們打破過去的死亡範疇，將服務從死亡往臨終的方向延伸。經過這樣的努力，現代殯葬業者從過去的死亡服務進入現在的臨終服務，這種努力的具體成果就是今日所謂的生前契約產品。

第二節　生前契約的出現

對我們而言，今日的生前契約產品早已融入生活當中，不再驚世駭俗。但是，最初國寶集團引進這種產品時卻是冒足了風險，因為，生前契約是人還活著的時候簽署的死亡契約，在社會的死亡禁忌還沒有改變以前，這種產品很難突破社會的禁忌而受到大家的接納。雖然，有人可能會說之前的塔位預售不是很成功嗎？對他們而言，這種塔位預售的成功就反映了一個事實，那就是死亡禁忌已經被打破了。可是，我們不要忘了塔位的預售成功是有一個傳統文化的背景，那就是壽城的觀念。

根據傳統文化的說法，人生到了一定的年紀，例如六十或七十歲的時候，每一個人就該為自己事先準備好自己百年後的歸宿，也就是事先尋找好自己的墳地或塔位。這種自己尋找壽城的觀念，讓我們有勇氣在生前就決定自己未來的葬身之處，希望藉著這種準備一方面減輕家人的負擔，再方面讓自己有一個滿意的歸宿，三方面轉移死神的焦點，讓自己延年益壽。

由此可見，壽城的準備固然有自己準備自己後事的想法，不過卻不是主要的想法。事先準備壽城的真正想法，其實是逃避死亡的延年益壽想法，所以預售塔位的成功不代表社會上死亡禁忌的打破。在死亡禁忌沒有打破的情況下，直接與死亡有關的生前契約產品想要像預售塔位那樣成功，是很困難的。

既然生前契約會有這樣的風險，那麼當時的國寶集團為什麼還要推出這樣的殯葬產品呢？對他們而言，推出生前契約的產品並不是一項兒戲的決定，而是深思熟慮的結果。他們主要的根據如下：第一、過去預售塔位的成功經驗；第二、社會經濟景氣依舊很熱；第三、殯葬消費預期會不斷攀升；第四、老年人口不斷增加；第五、個人致癌機率逐年提高；第六、個人自主意識不斷得到強化。

就第一點而言，根據過去預售塔位的經驗，他們發現消費者是可以教育的。只要你所提出的理由足以撼動他們的心，那麼他們就會隨你起舞。例如一般人對於死亡雖然都有忌諱，但是對於壽城的準備卻不敢違抗。因此，他們就利用這種文化心理，鼓動一般人參與塔位的預售，為了讓這種參與更加熱絡，他們進一步想出增值與轉讓的作法。在這種增值與轉讓的商業利益誘惑下，使一般人在不知不覺當中把塔位預售看成是一般的商品，而不再受制於死亡禁忌。

基於相同的理由，他們認為生前契約產品的推出也可以採取同樣的策略。因為，生前契約產品雖然比塔位預售要來得更接近死亡，像前者就是屬於死亡的前端產品，而後者則是屬於死亡的後端產品，但是它們都是屬於性質相同的死亡產品。所以，只要我們提出相同的理由，應該可以獲得相同的效果。

就第二點而言，一九九三年國寶集團推出生前契約的當時，整個社會的景氣依舊很熱。雖然這時的景氣狀況，已經不能再跟一九九〇年國寶集團推出塔位預售時的景氣相提並論，但是整個社會的投資熱潮依然炙手可熱，可謂之為全民運動。在這種人人投資卻不知該做何種投資較為恰當的情況下，凡是新的生財產品都比較容易獲得社會大眾的青睞。尤其這種產品又與過去塔位預售的產品有關，更容易讓消費者產生產品連結的效果，認為這種產品應該會有相同的投資報酬率。就是對這種投資心理的掌握與判斷，國寶集團認為這種新的殯葬產品的推出，應該會帶動殯葬產品銷售的第二次高峰。

就第三點而言，從過去的殯葬消費習慣來看，一般人在辦理喪事時都會有一種心理，認為親人的喪事必須辦得風風光光的才可以。如果沒有這樣做，那麼親人在走的時候一定會走得不好。對於這種心理，有人認為這是一種補償心理。因為親人在世時，為家辛勞付出，卻沒有機會得到很好的回饋，為了彌補親人在世時的辛勞，家人認為只有透過喪事的風光才能夠補償。不過，也有人認為這是一種孝道文化的表現，根據孝道文化的要求，家人有責任發揚光大親人的志業，表示對於這種志業有了很好的傳承。這種傳承的表現可從兩個方面來看：一個是喪事的風光，一個是現實生活的成就。

無論是前者或後者，兩者的匯聚點都在喪事的辦理上。如果一個人在現實生活很有成就，那麼他的成就就會反映在喪事公奠時弔唁賓客的參與上；同樣地，如果參與弔唁的賓客十分眾多，那麼他的喪事就必須辦得風光些。因此，喪事辦理的風光與否成為家屬是否盡孝的一個指標。不管喪事辦理得風光的理由為何，我們都會發現這是殯葬支出不斷增加的重要原因。

就第四點而言，台灣老年人口不斷增加的結果，不但會將台灣社會往高齡化的方向推，還會往死亡的方向推。根據我們對死亡的一般瞭解，雖然大家常常在說棺材裡裝的是死人而不是老人，但是就實際狀況而言，老人死亡的機率大抵上是要高於其他年齡層的人[2]。這種現象的發生，主要在於老年人的生命跡象已經接近尾聲，所以，隨著高齡化的接近，死亡人口也會隨之增加。對於國寶集團而言，這種老年人口增加的現象是一種最佳的殯葬商機。如果我們能夠找到相應的殯葬產品，那麼不僅可以增加服務的機會，也可以預先占有未來的市場。

就第五點而言，過去台灣人得到癌症的機會並沒有那麼大，因此癌症雖然是一個非常嚴重的疾病，但是卻沒有造成大眾的恐慌。可是，現在情況有了重大的轉變。對於台灣人而言，癌症不再是少數人的疾病，而是愈來愈多人的疾病，所以在一九九〇年馬偕醫院才會設立安寧病房。從安寧運動的推動過程，我們就會意識到癌症擴張的速度大到難以想像的地步。

除了擴張的速度快得驚人以外，癌症更驚人的是極高的致死率。就一般疾病而言，我們的醫療大體上都有能力加以應付，但是對於癌症，我們的醫療基本上是束手無策的。由於醫療的無能為力，癌症患者最後只好靜靜等死，對於這種等死的現象，國寶集團看得非常清楚。為了讓這些病人可以提早準備他們自己的後事，或由他們的親人為他們做準備，國寶集團遂推出生前契約的殯葬產品。

就第六點而言，由於現代人生活逐漸富裕，每個人開始對於自己的生活有了較多的要求。一般而言，他們不僅要求自己的生活要有品質，更想要自己掌控生活。這種自主意識的出現，使現代人的生活愈來愈具有個人色彩。不僅如此，現代人還將這種自主的要求從生活的部分延伸到死亡的部分，認為無論是生還是死，我們都應該擁有自主決定的權利。既然如此，那就表示社會上的死亡禁忌逐漸被打破，人們開始願意自主地去面對自己的死亡。隨著這股自主權利思潮的擴大，國寶集團認為這是推出生前契約殯葬產品的好時機。

總結上述六點討論，我們發現國寶集團率先推出生前契約殯葬產品的決定，不是一個草率的決定，而是一個經過深思熟慮的明智決定。雖然這個產品最初推出的時候曾經遭遇不少的阻力，甚至於無法得到一般社會大眾的認可，但是在經過一段時間的醞釀，我們發現這個產品終於得到應有的重視。由此可見，生前契約不僅成功地延續了塔位預售的成果，也開啟了殯葬服務的另一項契機，使殯葬服務進入臨終關懷的階段。

第三節　生前契約的意義

在台灣，最早引進生前契約的是國寶集團，但是這種殯葬產品的名稱卻不因為國寶集團最早引進就一致沿用。事實上，這個名稱只有部分人使用，至於其他人用的名稱就有很多種，有的用生命契約，有的用往生契約。無論用的名稱為何，這些不同的用法基本上都是翻譯英文中的兩個字而來的，其中之一是英文中的Pre-need，另一個則是英文中的Pre-arrangement。

就第一個英文字來說，Pre-need的意思不是別的，就是生前需求的意思。對一個人而言，在他還沒有死亡之前，他對於自己的死亡會有一些需求。就第二個英文字來說，Pre-arrangement的意思就是生前安排的意思。對一個人而言，在他還沒有死亡之前，他對於自己的死亡會有一些安排。從這兩個字來看，無論是需求還是安排，都表示這些事情是屬於生前的部分，而不是死後的部分。所以，就英文原有的意思來看，這些需求與安排都是與生前有關的。

如果上述的理解沒有錯誤的話，那麼這兩個字的說法實際上等於沒有說。因為，就一個人的需求與安排而言，沒有一個人不是在生前就表達或決定了。如果有人不是在生前就表達或決定的話，那麼有關他的需求或安排就不會有人知道，因此單純的生前說法是無法讓我們真的瞭解生前的意義。倘若我們想要確實瞭解生前的意義，那麼需要探討美國生前契約殯葬產品的實質意義。

對美國人而言，生前契約的實質意義不是別的，它就是與殯葬處理有關的契約。從台灣辦理殯葬的經驗來看，台灣的消費者通常不會要求殯葬業者提供相關的契約。他們之所以不會做這樣的要求，主要在於他們認為殯葬業者不是在做生意，而是協助喪家辦理喪事[3]。

相反地，對美國人而言，殯葬業者固然是在幫助我們處理喪事，但是他們還是在做生意。因此，在要求事事分明的情況下，美國人認為喪事的辦理是需要訂定契約的。如果事前沒有將契約訂定好，那麼等到喪事辦完以後極易發生糾紛，一旦有了糾紛，整個喪事的處理就失去了本意，無法達成解決死亡問題的效果。所以，契約的訂定不僅可以安我們的心，也可以安殯葬業者的心。這種對於契約的強調，使得美國生前契約帶有強烈的契約特質，基於契約化的要求，美國的生前契約指的就是生前訂定的契約。

然而，只有強調這種契約是生前訂定的契約還不夠。因為，我們一生當中有相當多的機會訂定一些生前的契約，只是這些契約都是和生前的一些事情有關，而不是和死亡有關。在此，我們還需要將生前契約與死亡有關的這一點因素凸顯出來。對生前契約而言，它所訂定的契約不只是在生前訂定而已，它所訂定的事情是和死後處理有關。換句話說，它和一般生前訂定的契約不同的地方，在於它所處理的是死後的事情，而不是生前的事情。因此，生前契約就是在生前訂定足以滿足我們死亡需求的契約，或是完成我們對於死後安排的契約。

根據這樣的理解，我們可以逐一檢查上述譯名的正確與否。就生命契約的翻譯來看，生命一詞的使用表示這樣的翻譯重心在於生命。那麼，為什麼他們要將喪事的處理翻譯得好像是在處理生命而不是死亡？當然，這樣的翻譯可以說是避開死亡禁忌的結果。不過，除了這樣的解讀以外，我們還發現這種翻譯方式是將死亡看成生命的結束，認為死亡是生命的終端。因此，對他們而言，生命才是整個契約要處理的主體，死亡只是附帶出來的結果。

問題是，這樣的理解是有問題的。因為，對美國人而言，站在基督教的立場，人的生命不是人的一切，死亡是人獲得永恆生命的開始[4]。所以，生命是生命，死亡是死亡，它們都是人的組成成分。對於人的這兩種成分，我們不能任意混淆。既然如此，對於與死亡有關的契約，我們當然不能將之稱為生命契約。

其次，我們檢查往生契約的翻譯。就往生契約的翻譯而言，我們發現這一個翻譯是以佛教的說法為準。站在佛教的立場，人的死亡不是代表人生命的結束，對佛教而言，這種生命的結束只是暫時的，在經過短暫的中陰階段以後，人的生命還會繼續投胎轉世，開始擁有另一世的生命。因此，對佛教而言，人的死亡不是生命的永恆終止，而是另一世生命的開始[5]。所以，對於這種輪迴不已的生死現象，佛教就稱之為往生。

現在，我們先不要論斷這種說法的正確與否，只要回到死亡的現象本身。我們發現單純的死亡並沒有太多的預設，而往生的預設則是多次生命的想法。如果站在基督教的立場，我們會發現上述的說法是不合乎基督教對於死亡的認知，就基督教的說法來看，生命只有一次，死亡之後就再也沒有輪迴的生命。如此一來，佛教的往生說法就不能適用於基督教的死亡說法。為了切合於西方使用生前契約的原始意義，我們不適於使用往生契約的翻譯。此外，站在尊重其他生死觀的立場，我們認為往生契約的翻譯也是不恰當的。

最後，我們檢查生前契約的翻譯。如果從字面上來看，這一個翻譯是最忠實於原來意義的翻譯，但是這樣翻譯的結果，卻使我們無法確實了解生前契約有關死亡處理的部分。因為，從字面意義來看，我們看到的只是有關生前的部分，對於死亡處理的部分則全然無法得知。不過，如果我們換一個角度來看，就會發現這樣的翻譯也有個優點，那就是對於生前的強調，只是這個強調不是強調生前的時間意義，而是強調生前的滿足意義與安排意義。也就是說，此處的生前指的是對於死亡需求的生前滿足，或是生前安排。經過這樣的強調，我們認為此一翻譯最能忠實反映生前契約的預先滿足或預先安排的特點。所以，我們採取生前契約的翻譯。

從上述有關生前契約譯名的探討，我們知道生前契約就是生前訂定的死亡處理契約，亦即生前訂定的殯葬契約。根據這樣的理解，我們發現生前契約和一般的殯葬契約不同。就一般殯葬契約而言，訂定的人通常不是亡者本身，而是亡者的家人，因為在亡者還在世的時候，由於避談死亡，無法由自己與殯葬業者訂定這樣的殯葬契約，只好在去世以後由家人負責訂定。然而，這種代為處理的結果，我們很難認定是否符合亡者的需求。倘若這種處理的結果真的如亡者所願，那麼亡者的滿意自然不在話下；可是如果這種處理的結果不符合亡者的需求，那麼亡者已經死亡，也無法從墳墓中出來抗議。

因此，為了避免這種不如人意的遺憾，在殯葬處理上，我們需要尊重亡者生前的意願，唯有在尊重亡者意願的前提上，這樣的殯葬處理才能讓亡者滿意。所以，殯葬業者就開發出這樣的殯葬產品，讓亡者可以在生前決定自己的死後殯葬處理。由於這樣的處理是根據亡者生前的意願，因此亡者不但不會有遺憾的問題，還能感受到自主的尊嚴。對於喜歡自我作主的現代人而言，這種生前契約的殯葬產品確實可以滿足大家的需求。

可是，這種滿足其實只是滿足了現代人自我作主的形式意涵，並沒有滿足自我作主的實質意涵。因為生前契約是一種定型化的契約，從定型化契約的內涵來看，這種契約的內容都是制式化的。也就是說，這種契約的服務項目都是固定的，基本上，它都是根據一定的流程處理。因此，對於亡者而言，這種生前訂定的契約除了訂約的動作可以自己決定外，相關的處理項目是無法自己決定的。即使有人試圖變更其中的某些內容，這種變更仍然是在這個大的架構下進行的。

但是，對於現代人而言，這樣的形式決定還是不夠的。現代人要求的不僅是形式，還要實質。要達到實質的要求，生前契約的作法顯然不足。在此，就有生前預約的出現。從精神層面來看，生前預約與生前契約一樣，都是滿足我們自主決定的一種方式。兩者不同的地方在於，前者不是根據制式的規定做安排，後者則是根據制式的方式做安排[6]。由於後者的安排不受限於制式的規定，所以這種安排可以完全配合亡者生前的需求。這種配合的結果，使得整個殯葬處理不單單是處理亡者的遺體，也不只是根據一般的流程處理亡者的死亡，而是按照亡者生前的意願處理亡者的死亡。對現代人而言，這樣的殯葬處理才是我們所要的，因為只有這樣的殯葬處理才能符合我們的意願，讓我們覺得這樣的死亡處理是屬於自己的，實現了自己的想法與尊嚴，成就了自己的生死。

第四節　生前契約的功能

根據上述有關生前契約的探討，我們知道生前契約的重點在於生前為自己安排自己的殯葬事宜。從這樣的理解中，我們可以發現兩個重點：第一個就是生前，表示這樣的安排在活著的時候就必須完成；第二個就是自己，表示這樣的安排不能假手他人，需要由自己親自完成。

就第一個重點而言，這裡之所以強調生前，是因為個人殯葬事宜的安排如果不是在生前，那麼只有在死後，可是人在死後是無法進行任何安排的。因此，有關殯葬事宜的安排只能在生前。

就第二點而言，這裡之所以強調自己，是因為過去有關殯葬事宜的安排都是由家人代為處理。然而，這種處理到底根據的是亡者的意願還是家人的意願，其實並不清楚。為了避免這樣的遺憾發生，生前契約在此特別強調自己。以下，我們根據這兩個重點進一步論述生前契約的功能。

首先，我們討論生前的部分。對於這個部分的探討，我們可以分別從不同角度來看。例如社會的角度。對一般人而言，過去我們習慣將自己的後事交由後代來處理，這是因為我們每個人在一生當中都會成家立業，擁有每個人自己的後代。在這種有人傳承的情形下，我們可以很放心地將自己的後事交由後代來處理，可是現在的社會結構有點不一樣。對許多人而言，他們不再認為結婚是必要的，也不再認為生育後代是必要的，因此對他們而言，他們不再有後代的存在。當一個人沒有後代以後，雖然他們在人生的旅途中減少了一些需要處理的問題，如養育後代與教育後代的問題，但是卻又衍生出另外一些需要處理的問題，如死亡處理與祭祀處理的問題。

對於這些問題，有的人認為人死了一無所知，到時有沒有人處理都無所謂，反正社會一定不會放著不管。至於祭祀的問題也是一樣，有沒有人祭祀對自己並沒有差別，如果要說祭祀有什麼意義，大概也是針對活著的人說的。不過，另外有些人卻不是抱持這樣的想法，對他們而言，雖然沒有生育後代，但是他們認為後事與祭祀的問題還是要處理的，因為如果他們沒有自行交代與處理，那麼不是對不起社會沒有善盡現代公民應盡的責任，就是死後無人處理成為無所依歸的孤魂野鬼。為了避免這些情形出現，他們認為在生前就應該安排好自己的後事與祭祀問題，這樣才不會為自己或他人帶來困擾。對生前契約而言，這種避免死後喪事無人處理的作為，就是生前契約的社會功能。

除了社會的角度以外，生前契約還有經濟的角度。從經濟的角度來看，過去這些年來有關殯葬的消費年年增加，這種趨勢短期看來似乎不會停止，再加上生活費用也不斷飆高，使得家人的日常負擔愈來愈沉重。在這種情況下，家人很難有多餘的結餘可以儲蓄起來，如果家人沒有多餘的儲蓄，那麼一旦遇到家中親人去世，家裡就沒有多餘的金錢可以支應相關的喪葬費用；可是，喪葬的相關支出又不能欠著，即使我們想欠著，也沒有殯葬業者願意讓我們賒欠。所以，為了避免將來自己死後的喪事成為家人的負擔，我們可以自己預先購買生前契約以備不時之需。

不過，有人可能會有疑問，認為家人既然沒有能力為我們支付喪葬費用，那麼我們為什麼會有能力提前購買？實際上，事先購買與事後購買並沒有太大差別，唯一的差別只在生前契約可以分期付款，而一般的殯葬費用是不能分期付款的。由此可知，這種為了避免造成家人經濟負擔而自己預先付出殯葬費用的作為，是生前契約的經濟功能。

其次，我們討論自己的部分。對於這個部分的探討，我們亦可以從不同的角度切入。例如心理的角度。就過去的殯葬經驗而言，我們的喪事通常是由後人加以處理的，那麼為什麼我們不能自己處理呢？這是因為一方面受困於社會上的死亡禁忌，讓我們不方便自己處理；一方面則受困於死亡的恐懼，讓我們不敢自己直接處理。從前者來看，社會上的死亡禁忌讓我們把死亡看成是一件不好的事情，因此我們會擔心受到死亡的污染而發生不幸，但是這種擔心除了來自對禁忌的誤解以外，更重要的是來自我們對於死亡的恐懼。如果沒有死亡恐懼的問題，那麼死亡禁忌就很難產生效用，所以死亡恐懼才是讓我們不敢自己處理自己後事的主要原因。

對此，我們可以從後者的角度做進一步的探討。對一般人而言，這種死亡恐懼的產生，不是因為我們自己對於死亡已經有了經驗，而是整個社會洗禮的結果。根據我們社會的說法，死亡不是一種結束，就是一種懲罰。無論社會的說法是哪一種，人活了一輩子最終的結局不是一無所有，就是不斷受苦。對一般人而言，這些結局都是很可怕的，因此，面對死亡最好的策略就是逃避。

問題是，逃避的結果並沒有讓我們脫離死亡的陰影，相反地，愈逃避讓我們愈恐懼死亡。為了化解這種死亡的恐懼，我們需要破除死亡的不正確認識，讓一般人瞭解死亡並沒有大家想像的那麼可怕。例如死亡是否一定表示結束呢？這點到目前為止其實還沒有定論。更重要的是，逃避死亡的結果並沒有讓我們避開死亡，它還是繼續存在在我們生活當中，所以與其繼續逃避產生問題，不如直接面對解決問題。就是這種解決問題的心理，使得現代人開始面對死亡的挑戰，認為唯有自己的面對才有可能化解死亡所產生的問題。有關生前契約的購買，就是反映現代人勇於面對死亡的心理，也就是說，現代人敢自己處理自己的殯葬事宜，就是生前契約的心理功能。

另外，還有生死的角度。關於這一點，我們需要接續上述的心理角度。對一般人而言，生前契約的購買代表我們對於死亡的面對與接受，但是接受有很多種情況，它可以是不得已而接受，也可以是坦然而接受。不僅如此，它還可以把這樣的接受看成是一個純粹的事實，也可以看成是一個有意義的存在。在此，這種有意義的存在可以有不同的理解。例如佛教就把這樣的存在看成是成佛之路，基督教就把這樣的存在看成是成基督徒之路。

可見，生前契約的購買不只是表達我們對於死亡的面對與接受，也表達出我們對於生前契約內容的選擇與實現。例如一個人如果只是接受死亡而沒有深入死亡，那麼他可能就會選擇既有的生前契約，按照生前契約的安排辦理自己的後事。如果他不只是接受死亡，還對死亡有較深入的瞭解，那麼他可能就不會選擇定型化的生前契約，而會按照自己的想法另行規劃生前預約，把喪禮當成是自己實踐自己生死體會的場所，實現自己生死意義的地方。由此可知，生前契約或生前預約還具有實現個人生死意涵的功能。

總結上述的討論，我們發現生前契約或生前預約是殯葬服務突破死亡禁忌的利器。藉著這樣的利器，不只改變了殯葬服務的範圍，讓臨終關懷的部分也成為殯葬服務的一環，還改變了人們面對死亡的方式，從社會的認定到個人的自我認定，使整個殯葬服務愈來愈人性化。

習題

一、請簡述現代人的殯葬處境。

二、請簡述生前契約出現的理由。

三、請問生前契約的意義為何？

四、請問生前契約的功能為何？

案例

老吳是一位從事保險工作的經理。過去，他只從事有關保險方面的生意，對他而言，這個工作十分駕輕就熟，所以，他也從來沒有換工作的念頭，或增加其他非保險生意的想法。不過，最近這幾年，他開始感受到生意競爭的壓力。平常在談保險生意時，客戶也不像過去那樣爽快的答應，有時還拖拖拉拉的，好像有許多顧慮。為了改善這種競爭的頹勢，老吳決定增加自己的生意競爭力，將生前契約也納入自己的銷售範圍。對老吳而言，此一改變是一大突破，也是一大風險。因為，生前契約是屬於死亡契約，是幫助被保險人辦理後事的契約，對一般人而言，這種契約是屬於禁忌型的契約。通常沒有人願意主動購買；可是，對老吳而言，這種契約雖然具有禁忌的風險，但是卻有延伸服務的效果。例如，一個人如果跟老吳購買防癌險，一旦這個人得到癌症，那麼他可以獲得應有的防癌理賠，可是如果他已經走到癌症的末期，這時的防癌理賠效果就沒有想像的那麼大。對他而言，有關後事的處理要較癌症的理賠來得更重要。倘若老吳最初在推銷保險時，不只是提供防癌險，也提供生前契約，那麼這時的服務就會顯得非常完整，也較易得到客戶的認同。只是，在推銷之初要如何突破客戶的禁忌，是一個值得深思的課題。

無論如何，老吳終於推銷出他的第一張生前契約。購買這張契約的客戶是位護理人員。對她而言，她之所以願意購買這張生前契約，是因為她在醫院裡看到太多案例，知道人在面臨死亡時的慌亂，以及死亡後的喪葬困擾。例如被殯葬業者亂敲竹槓，決定喪禮宗教儀式的爭執等等。為了避免發生這些問題，她認為需要對自己的後事早做安排。雖然她對這樣的生前契約有些不滿，但是自己也不知道應該怎麼做才好。所以，在無人可以請教的情形下，只好按照一般的方式購買。不久以後，她發現自已身體有些異狀，決定做進一步的檢查。沒想到檢查的結果，竟然是末期肝癌。這時，她知道自已離死期已經不遠。幸好，之前她早已購買了生前契約，所以她不太擔心自已的身後事處理問題。此外，她在與老吳相處一段時間以後，認為老吳是一個很盡責的保險人員，她相信未來有關喪事的處理上，老吳應該會好好的幫她完成。就這樣，她放心地走完人生的最後一段旅程。在她去世以後，老吳主動前往她家幫忙喪事的處理，由於她生前已經和她的家人交代過，所以整個喪禮的過程非常順利。在辦完喪事以後，她的家人非常感謝他，認為他辦得非常好，讓他們不用操心喪事的問題。

有了這次經驗以後，老吳覺得他的決定非常正確。如果他最初沒有決定延伸他的服務，那麼今天也就沒有機會提供客戶這樣的殯葬服務，也就沒有機會讓客戶獲得更完整的滿意。雖然這樣的服務延伸，最初都會有些抗拒，但是在深入解說以後，客戶大體上都可以接受。所以，為了提供更完整的服務，老吳決定從今以後採取這樣的配套措施來服務客戶，讓他所服務的客戶可以達到生死兩相安的境地。

註釋

[1] 請參見尉遲淦主編，《生死學概論》（台北：五南，2007年10月），頁91。

[2] 一般而言，六十歲以上的老年人死亡人數幾乎占總死亡人數的七成左右。可見老年人的死亡數有多高。

[3] 這就是一般殯葬業者會認為他們是在做功德，而不是在牟利的理由。

[4] 請參見尉遲淦著，《禮儀師與生死尊嚴》（台北：五南，2003年1月），頁190-191。

[5] 請參見尉遲淦著，〈試比較佛教與基督宗教對超越生死的看法〉《2003年全國關懷論文研討會論文集》（高雄：輔英科技大學人文與社會學院，2003年12月25日），頁173。

[6] 關於這方面較詳盡深入的說明，請參見尉遲淦著，《禮儀師與生死尊嚴》（台北：五南，2003年1月），頁117-120。

第五章 傳統的臨終關懷

第一節　傳統臨終關懷的存在

傳統臨終關懷是否存在，一直是個爭議的問題。對傳統殯葬服務業者而言，傳統臨終關懷是否存在的問題，可以從經驗的角度加以驗證。根據他們從事殯葬服務的經驗，所有的殯葬服務都是從死亡後開始的，從來沒有一個殯葬服務是在生前就開始的。就這樣的經驗來看，整個殯葬服務顯然是服務亡者而非臨終者，倘若這樣的經驗沒有問題，那麼服務臨終者的傳統臨終關懷是不可能存在的。

表面看來，這樣的論斷似乎言之成理。根據我們的殯葬服務經驗，所服務的對象確實是亡者而非臨終者，但是這樣的論斷是根據現有的服務經驗。現在我們的問題是，現有的服務經驗是否足以代表整個殯葬服務的經驗？如果現有的服務經驗真的足以代表整個殯葬服務經驗，那麼上述的論斷當然沒有問題；如果現有的服務經驗不足以代表整個殯葬服務經驗，那麼上述的論斷就會有問題。對於這個問題，我們可以從現有殯葬服務經驗的由來探討起。

就一般殯葬業者的說法，現有的殯葬服務是自古皆然的，彷彿這樣的服務從一開始就已經存在，並且以現有的面目與世人見面。對於這樣的說法，我們應該抱持何種態度，完全相信殯葬業者的說法？還是另外尋找答案？對一般人而言，這個問題的答案根本不重要。重要的是，有人幫忙把喪事處理完就好了。因此，無論業者怎麼說，只要願意幫忙處理完喪事，一般人都不會有其他意見。至於這樣的答案是否真實，那就無所謂了。

可是，對我們而言，這個答案的真實與否是很重要的。它的重要性不只是因為它與真理有關，更因為它與我們的殯葬服務效果有關。如果殯葬服務真的是從人死後開始的，那就表示殯葬服務的對象只是亡者，所考慮的層面只是生理層面。一個只考慮生理層面的殯葬服務，對於人面對死亡所衍生的問題，其實沒有太大助益，因為人面對死亡所衍生的問題不只是生理問題，還包括心理、靈性與社會的問題。

可能有人會說，從亡者的角度來看，他所需處理的問題真的就只有生理問題，至於心理、靈性與社會的部分，對他沒有任何意義。倘若真的要說有意義的話，那也只與生者有關。表面看來，這種說法的確有幾分道理，可是只要我們深入思索，就會發現這種說法其實是有問題的。首先，我們發現這種說法預設了一種死後生命不存在的觀點；其次，我們發現這種說法也預設了一種生死斷裂的觀點。

就第一種預設而言，我們發現這種預設並沒有得到證實，至多也只是所有觀點中的一個。對於只是所有觀點中的一個觀點，我們怎能用它代表一切？何況，從整個殯葬服務的過程來看，與其說我們把殯葬服務看成是沒有死後生命存在的一種服務，倒不如說我們把殯葬服務看成是有死後生命存在的一種服務。今日我們之所以採取前一種觀點，並不是因為科學已經證實給我們看，而是科學把後一種觀點打成迷信的結果。我們為了避免受到迷信的指控，只好依據現實生活中的主流論點行事。

就第二種預設而言，我們發現這種預設把生死看成是兩個彼此互不相涉的部分，彷彿生只是生而死只是死。可是，就我們的實際經驗來看，臨終者從生到死的過程不是一個截然分明的過程，而是一個彼此滲透的連續過程。就過程本身而言，我們很難認定前者不會影響後者，後者不會影響前者。例如臨終者認為死亡是一件很可怕的事時，他的恐懼心理就會影響到他的死亡，使他無法善終。同樣地，如果臨終者預期到他的死亡無法得到妥善的處理，那麼他也會處於難以善終的狀態。可見，兩者之間是相互關聯的。既然如此，我們就不能認為亡者只具有生理層面的意義，而要認為亡者也可以具有心理、靈性與社會的意義。

從上述兩種預設的反省來看，我們認為傳統殯葬服務將自己侷限於亡者生理層面的看法是有問題的。實際上，殯葬服務的範圍要比生理層面來得更廣。為了證實這種看法的正確性，我們需要進一步探討傳統殯葬服務何以會有今日的面貌。

根據第二章的說明，我們知道今日殯葬服務的出現不是自古皆然。實際上，傳統殯葬服務的出現是社會變遷的結果[1]。起初，有關殯葬服務的所有人力與物料，全部由自己家族中的親人一起提供。後來，隨著社會變遷，家庭結構的改變導致喪事人力的不足，以至於家族無力承擔整個喪事的處理。此外，有關物料的部分也是如此。在這種人力與物料無法自行提供的情況下，家中的喪事只好交由殯葬業者處理。但是，由於喪事是屬於家中的私事，所以它在交由殯葬業者處理的過程中，不是一次完全交付，而是以所需項目為準。

因此，在整個交付過程中有了階段的不同。就第一個階段而言，殯葬業者所提供的服務是棺木的製作以及墳墓的設置。到了第二個階段，殯葬業者所提供的服務就進入到禮儀服務的部分。不過，在此的禮儀服務不是全部的禮儀服務而是局部的。對殯葬業者而言，他們所能提供的就是死亡以後的禮儀服務。為什麼他們的服務會受限於死亡以後？最主要的理由是，如果死亡以前就讓殯葬業者進入家中，那麼不是表示我們不希望親人活久一點，就是表示我們對親人不孝。為了避免這樣的誤解，我們只好在親人死亡後，再讓殯葬業者進入家中。

但是，上述的死亡顧慮是一回事，有沒有臨終關懷則是另外一回事。從死亡顧慮來看，殯葬業者的服務的確沒有臨終關懷的部分。然而，這種沒有只是殯葬服務上的沒有，而不是本來就不能有。從傳統禮俗的角度來看，一個人在面臨死亡時，除了他會死的事實以外，還包括他對於死亡的面對。因此，我們可以將整個死亡處理分成兩個部分：一個是生前，一個是死後。

就生前的部分，傳統禮俗稱之為臨終；就死後的部分，傳統禮俗稱之為初終。有關臨終部分的處理，傳統禮俗有相關的處理內容，如搬鋪、見最後一面、交代遺言，甚至於招魂。有關死後部分的處理，傳統禮俗也有相關的內容，如殮、殯、葬、祭等等。從這樣的敘述中，我們發現傳統禮俗中其實是有臨終關懷的部分，只是沒有出現在殯葬服務的委託中[2]。

那麼，為什麼傳統殯葬服務不把臨終關懷納入服務當中？除了上述的死亡禁忌之外，另一個理由是，臨終關懷是屬於家族中的私事，不適合外人介入。對一般的家族而言，臨終是屬於整個家族的大事。在此，所要處理的事情都與家族中的成員有關，因此只能由家族中的成員參與解決。至於殯葬服務人員，由於他只是外來的服務者，若是他也參與，不但會干擾家族的決策，也會讓家族中的人起疑心，認為他是否有其他企圖。所以，為了避免這些困擾產生，傳統殯葬服務只好侷限於死後的服務。

不過，現在既然知道傳統臨終關懷的存在，我們當然沒有理由再像過去那樣自我設限，把整個殯葬服務侷限於死後的服務。另外，由於現代人對於臨終關懷的經驗與知識都失去了以往傳承的基礎，所以他們不再有能力處理親人臨終關懷的問題[3]。但是，對他們的親人而言，臨終關懷的問題如果沒有妥善處理，那麼想要得到善終是不可能的。因此，為了圓滿他們親人的臨終，殯葬業者終於有機會將臨終關懷納入殯葬服務當中。

第二節　傳統臨終關懷所要解決的問題

在確認傳統臨終關懷的存在是一個事實以後，我們要繼續探討的是：傳統臨終關懷所要解決的問題是什麼？我們之所以會這樣問，是因為一個人的一生十分漫長。在這個漫長的歲月當中，他一定會有各種不同的遭遇與經歷。對於這些遭遇與經歷，他也會有不同的體會與認定。當他走完這一生時，他會認為哪些事情是他在意的？哪些事情不是他在意的？對於不在意的事情，當然不會影響他的生命。但是，對於在意的事情，就會對他產生影響，成為生命中有待解決的問題。

因此，一個人如果希望在他離開人世時不要空留遺憾，那麼他就必須對這些問題做進一步的處理。關於如何解決這些問題的考慮，就是所謂的臨終關懷要做的事情。不過，由於每個人在意的事情不同，因此他們所要面對的臨終問題也不同，所以最好的臨終關懷應該是按照個人的狀況提供相應的關懷。

可是，每個人所需的臨終關懷都不一樣，那麼我們要如何提供相應的臨終關懷呢？從每個人的需求來看，我們想要提供相應的臨終關懷根本就是一件不可能的事。因為，個體無窮，臨終關懷也無窮。所以，我們怎麼可能提供無限的臨終關懷呢？如果我們真的要提供相應的臨終關懷，那麼也只能提供有限的臨終關懷。換句話說，這樣的臨終關懷必須是類型化的臨終關懷。對於這樣的臨終關懷，我們可以從個人需求的相似性著手。例如每個人對於財物的處理都有不同的要求，但是對於財物處理的要求則是共同的。因此，我們可以從這樣的相似性出發，找出一些臨終關懷的主要問題。

在此，我們發現臨終關懷的主要問題如下：一、財物的問題；二、家族傳承的問題；三、社會關係的問題；四、生命意義的問題。五、死後歸宿的問題。

就第一個問題而言，我們發現人的生存是需要一些財物的支持。因此，在一個人的一生當中，他需要不斷的工作以維持他的生計。但是，他的工作所得除了維持生計之外，還會預做儲存。這些儲存可以產生兩種作用：一種是累積財物以備不急之需，一種是展示自己的財物有多豐厚。前者可以預防財物匱乏的情形發生，後者可以建立自己的社會地位。無論如何，這些財物成為個人肯定自己的社會成就之一。因此，當一個人進入死亡階段時，他不但希望這些財物繼續存留下來，更希望這些財物能夠為自己的後代所擁有。為了讓這些財物真的能夠成為他的後代的繼承物，也能夠了無紛爭地為他們所擁有，我們需要在臨終關懷時關懷此一財物處理的問題。

就第二個問題而言，我們發現人的生物本能就是希望有下一代。這種對於下一代的要求，表面看來是一種生物本能的要求。不過，人有關下一代的要求不只是一種生物本能，它更是一種人為的要求。對人而言，當他一生很有成就的時候，他不會希望他的成就沒有人繼承。因此，他會比一般人更希望擁有後代，甚至於希望擁有更多的後代，以便彰顯他的成就。相反地，當一個人一生都沒有什麼成就時，他不會因此就認為自己不配有後代，反而認為自己可以藉著後代的出現而改變自己的處境。由此可見，一個人無論有沒有成就，他都會希望藉著後代的出現彰顯自己的成就或改善自己的處境。所以，當一個人臨終時，他自然會關心有沒有後代的問題，以及後代如何表現的問題。

就第三個問題而言，我們發現每個人活著的時候都是活在一個社會網絡當中。他除了要讓自己存活下去以外，還必須滿足社會網絡的要求，假如他沒有滿足這樣的要求，那麼他就會受到社會的排擠而無法生存在社會當中。這時，在失去了社會的保護之後，他可能連生存的機會都沒有。因此，為了讓自己能夠生存得好一點，他必須配合社會的一些要求。例如與他人關係的部分。如果社會要求每個人都要與他人通力合作，那麼他就必須配合這樣的要求。假如他沒有配合這樣的要求而希望凸顯自己，那麼他就會受到社會的譴責而失去社會的肯定。所以，社會關係對於每一個生存在社會中的人而言，是一個很重要的關係。不過，這個關係不只是表現在活著的時候，也表現在臨終的時候。當一個人臨終時，社會對於個人表現出許多的肯定，那麼這個人的臨終就會顯得很溫暖，否則就會臨終得很孤單。對於臨終者而言，如何讓自己臨終得不孤單，是一個值得我們關懷的問題。

就第四個問題而言，我們發現人活在世界上不是只有活著而已，他還希望這樣的活著是有意義的。不過，一個人要如何活著才算是有意義的，是一個隨著不同社會而有不同要求的問題。對於一個強調利益當道的社會，一個人的一生只要在利益方面有一定的成就，那麼他的一生就算是過得有意義了。相反地，一個社會如果強調為別人犧牲奉獻才算是有意義的事，那麼上述有關利益的獲得就不能算是有意義的事。對這個社會而言，真正能夠肯定個人生命的事，就是為他人犧牲奉獻。一個人只要做到這一點，那麼他這一生不只沒有白來，還可以算是很有意義。因此，不管每一個社會的意義標準為何，在臨終時要怎麼決定我們這一生過得有沒有意義，是一個很值得關注的問題。

就第五個問題而言，我們發現人除了上述如何活著的問題以外，還有死去何處的問題。從人類的生存狀態而言，人類的生命不是一個永恆的生命。既然如此，這樣的生命就會有結束的時候。但是，人類不甘心這樣的結束就是永遠的結束。因此，人類希望在這樣的結束之後，仍然有死後生命的存在。例如佛教的看法，它就認為不斷輪迴的生命是一種陷入苦境的生命。唯有當生命從這樣的輪迴中解脫出來，這樣的涅槃歸宿才是生命真正的安頓所在[4]。所以，在死亡來臨時，每個人都希望他能夠在死後繼續擁有另一種生命的存在。這種有關死後生命的要求，就構成了死後歸宿的問題。

從上述的五個問題可以看得出來，我們在面對臨終的問題時，不只是處理現世的問題，也處理來世的問題。對人類而言，現世的問題是對活著的人做交代，而來世的問題則是為自己的生命尋找一個出路。如果現世的問題處理得不好，那麼我們就很難給後代一個很好的交代。如果來世的問題處理得不好，那麼我們就很難給自己一個很好的交代。因此，為了給後代以及自己一個很好的交代，我們需要妥善地交代現世與來世的問題。唯有如此，我們的臨終才能進入善終的境地。

第三節　傳統臨終關懷的作為

接著，我們探討傳統臨終關懷的作為。從傳統殯葬禮俗的觀點來看，一個人在臨終時是有一些問題需要處置的。如果他對於這些問題都能妥善安排，那麼我們就會認為他可以安心離去。如果他無法對這些問題提供妥善安排，那麼我們就會認為他難以善終。為了讓每個人能夠善終，傳統殯葬禮俗對於臨終的問題有一些相關的安排。通過這樣的安排，一方面讓每個臨終者知道臨終有哪些相關的問題需要處理，一方面讓每個臨終者瞭解怎樣的臨終才能得到善終。

不過，我們在前面曾經說過臨終是屬於每個臨終者自己的。既然如此，那麼我們為什麼不回歸個人本身，反而要提供一個外在的社會標準來規範如何臨終才算是善終的問題？傳統之所以這樣做，主要在於過去的個人對於死亡從來沒有經驗，也不知如何臨終才算是善終。這時，如果社會不提供一個善終的標準，那麼所有的臨終者可能就會臨終得不安。這種不安的結果，將使臨終者無法得到善終。對於社會而言，這種善終的不可能是會影響整個社會的安定。因此，為了讓社會上的每個人在臨終時都能安心臨終，社會必須規範出一套臨終的標準，讓臨終者可以得到善終。

對傳統殯葬禮俗而言，一個人在臨終時首先要注意的問題是，何時正式進入臨終的狀態？就一般人而言，他們對於死亡完全沒有經驗，對於臨終也完全沒有經驗，而臨終與死亡通常又只有一線之隔，假如沒有事先得知臨終的狀態，那麼他們將無法對臨終做準備。一個缺乏準備的臨終等於沒有臨終，而沒有臨終的結果就是直接進入死亡，將使臨終者無法得到應有的臨終關懷，而失去獲得善終的機會。因此，我們需要瞭解一個人何時才算是進入臨終的狀態。根據傳統殯葬禮俗的說法，判斷一個人何時進入臨終的狀態是有一些標準的。這些標準的形成，主要來自臨終者的身心反應。以下，我們分別從生理與心理兩方面來說明。

首先，我們說明生理部分的反應。第一個要說明的是，如果一個人的眼神開始逐漸失去神采，慢慢陷入一種昏鈍的狀態，那麼這個人可能就算是進入臨終的狀態。第二個要說明的是，如果一個人對於他眼前的事物不再能夠清楚分辨，漸漸陷入一種視若無睹的狀態，那麼這個人可能就算是進入臨終的狀態。第三個要說明的是，如果一個人的呼吸開始入進氣少吐氣多的狀態，那麼這個人可能就算是進入臨終的狀態。第四個要說明的是，如果一個人的氣色開始從正常的狀態進入黯青的狀態，那麼這個人可能就算是進入臨終的狀態。第五個要說明的是，如果一個人的下肢末梢開始呈現腫脹的狀態，那麼這個人可能就算是進入臨終的狀態。第六個要說明的是，如果一個人病了很久且陷入虛弱無力的狀態時，突然回光返照精神奕奕，那麼這個人可能就算是進入臨終的狀態。

經過上述的說明，我們知道這六種徵候都是傳統殯葬禮俗判斷一個人是否已經進入臨終狀態的指標[5]。現在，我們的問題是，這些指標當中是否有關鍵性的指標？就我們的瞭解，這些指標基本上都是參考性的指標。只要有這些指標中的一項或多項出現，我們就可以判斷一個人是否已經進入臨終的狀態。有人可能會問，難道具有這些指標的人非得進入臨終不可嗎？其實，傳統殯葬禮俗的判斷本來就不是一個非常嚴謹的判斷，而只是一個經驗性質非常高的判斷。因此，當一個人具有這些指標時，並不保證他一定已經進入臨終階段準備死亡。有時，這種判斷是會有例外的。一旦例外出現，過去的人不會認為這是人為判斷錯誤的結果，相反地，他們會認為這是命不該絕或神佛保佑的結果。

其次，我們說明心理部分的反應。第一個要說明的是，如果一個人開始有了幻覺的現象出現，例如突然說他看見去世已久的親人要來接他，或是看到鬼神要來帶他走，那麼這個人可能就算是進入臨終的狀態。第二個要說明的是，如果一個人開始有了幻聽的現象出現，例如突然說他聽到另外一個世界的聲音，那麼這個人可能就算是進入臨終的狀態。第三個要說明的是，如果一個人突然出現死亡將至的第六感，例如在正常的情況下突然要求他的家人幫他換好衣服準備俟終，那麼這個人可能就算是進入臨終的狀態。第四個要說明的是，如果一個人開始交代遺言，例如在正常的情況下突然不斷地重複交代一些事情，彷佛這些事情不會被忠實地兌現似的，那麼這個人可能就算是進入臨終的狀態。

上述的這些說明，每一個都是臨終判斷的指標之一。雖然我們不能說哪一個指標才是決定性的指標，不過這些指標都可以作為判斷臨終狀態是否出現的具體參考。然而，即使有了這些心理指標的出現，有時候臨終狀態也未必會真的出現，因為正如上述的生理指標一樣，這些心理指標也只是經驗累積的結果，而不是科學嚴格實驗的產物。所以，過去的人在遇到這樣的例外時，他們的反應通常不是認為這樣的指標不可靠，而是認為這個人可能命不該絕或是有神佛保佑。

除了上述所論臨終時機判斷指標以外，傳統殯葬禮俗對於臨終場所也有所規範。對傳統殯葬禮俗而言，最好的臨終場所是正廳。為什麼傳統殯葬禮俗會有這樣的規範呢？就一般人的習慣，臥室一向是人們最熟悉的地方。如果一個人在臨終時可以死在自己的床上，那麼不是會死得最熟悉、最舒服嗎？這種站在死得如何才會舒服的個人說法雖然頗具說服力，但是卻不是過去對於臨終的考慮重點。對過去的人而言，一個人的臨終不只是個人的問題而已，還是社會的問題。倘若一個人的臨終不能為社會帶來一些示範價值，那麼這個人的臨終就失去存在的意義。因此，一個人的臨終重要的不是他死得熟不熟悉、舒不舒服，而是他是否符合社會的要求。

就傳統而言，一個人一生在世最重要的價值就是勞動的價值。如果一個人四體不勤、五穀不分，那麼這個人會被認為活得不太有價值。如果一個人想要活得有價值些，那麼這個人就必須勤奮的勞動。這種勞動至上的想法，在需要勞動的農業社會裡確實是很重要的判斷。根據這樣的判斷，床所代表的意義是暫時休息的意義。倘若一個人不是利用床作為暫時休息的場所，而把它當成永遠休息的場所，那麼這種示範的結果就會讓整個社會的勞動秩序受到破壞。所以，為了避免這種不良示範的出現，個人的臥室絕對不能作為臨終的場所。

但是，這種強調勞動的理由未必能夠直接獲得一般人的支持。因此，就有人從宗教和道德著手，提出不得死於床上的理由。就宗教的說法而言，他們認為一個人死於床上是一件不好的事情。因為，床有床母。在一般人的理解當中，床母的任務是為了保佑床上的小孩好好長大，床上的成人好好過活。現在，有個人死在床上，那就表示床母沒有好好保佑人，反而讓人死在床上，顯得床母沒有善盡職責。為了避免這種情形發生，最好就是找出一種說法，讓人不敢死於床上。這種說法就是，一個人只要死於臥室的床上，那麼他就會變成扛床鬼，永世不得超生[6]。對一般人而言，在佛道輪迴的想法下，這種永世不得超生的說法是頗具嚇阻力量的。

除了這種後起的宗教說法以外，還有較早的道德說法。就道德的說法而言，他們也認為一個人死於床上是一件不好的事情。不過，他們的理由不是得罪神明的問題，而是非禮的問題。對於過去的人而言，一個人一生當中過著合乎禮的生活是很重要的事情。如果一個人過著不合乎禮的生活，那麼他就會受到社會的譴責。如果一個人過著合乎禮的生活，那麼他就會受到社會的肯定。

同樣地，當一個人臨終時也需要按照禮的規定臨終。相傳曾子在臨終時就遭遇這樣的問題。當曾子臨終時，他發現他所躺的席子不是他這個身分的人應該躺的席子。這時，他雖然已經處於臨終的狀態，也顯得相當艱辛，但是他堅持一定要更換符合他身分的席子。即使他的弟子苦苦哀求，認為這樣的搬動會讓他很辛苦，他依然不為所動。曾子的這種堅持，是因為他認為死得其所是一個很重要的問題。而一個人合乎禮的死，就是一種死得其所的表現。從此以後，一個人只要面臨臨終的時刻，他就會效法曾子的作法，讓自己死得其所。

經過上述有關社會、宗教與道德的說法，我們知道傳統殯葬禮俗為什麼不將臨終的場所定位在臥室的床上。但是，為什麼要定位在正廳的理由則沒有那麼清楚。接著，我們進一步論述規定正廳的理由。從上述的道德角度來看，臥室的床之所以不合適，在於臥室的場所是屬於私的領域。對一般人而言，死亡雖然是一件非常隱私的事情，但是這種隱私是對個人而言的。如果就整個家族來看，死亡就不見得那麼隱私了。

對臨終者而言，死亡不僅要對自己交代，也要對家族交代。因此，為了表示臨終者的死亡是一件非常光明正大的事情，可以對所有人交代，臨終者就必須臨終於一個公開的場所。不過，這個場所雖然是公開的，卻不表示它沒有它的隱秘性。畢竟這樣的場所只對家族公開，而不是對任何不相干的人公開。所以，在家族的公共空間當中，唯有正廳才適合作為臨終的場所。因為，它一方面符合臨終隱私的要求，只有家族的人才能參與；一方面符合公開的條件，表示一切都攤在神明與祖先的見證下[7]。

在探討完臨終時機的指標與場所後，我們接著討論搬鋪的問題。根據傳統殯葬禮俗的作為，一個人一旦被宣布已經進入臨終的階段，那麼這個人就會被家人移鋪到正廳的場所俟終。對傳統殯葬禮俗而言，這種搬鋪的動作不只是單純的空間變換而已，它還有其他特別的含義。例如前面的社會含義，就是從勞動的角度要求臨終者不可臨終於臥室的床上，而要臨終於正廳的水床上。又如前面的宗教含義，就是從能不能超生的角度要求臨終者不可臨終於床上，而要臨終於正廳的水床上。另外，根據前面的道德含義，就是從是否死得其所的角度要求臨終者不可臨終於床上，而要臨終於正廳的水床上。

除了上述這三種含義以外，搬鋪其實還有生死學的含義。對一般人而言，過去是十分避諱死亡的。在一個人還沒有死亡之前，家人通常是不會任意談論死亡的事情。可是，這種不談論讓當事人無法得知自己的臨終訊息。倘若當事人自己也十分避諱死亡，那麼他將無法承認自己即將死亡的事實。這時，臨終者將無法處理自己臨終的問題，也無法完成自己臨終的任務。為了確保臨終者的臨終權益，傳統殯葬禮俗就利用搬鋪的機會提醒臨終者死亡將至的事實。也利用這個機會告訴臨終者，他需要把握時機完成自己的臨終任務，這樣才有善終的可能。

在搬鋪到正廳以後，根據傳統殯葬禮俗的規定，臨終者需要完成哪些作為？對臨終者而言，有三個作為需要完成：一個是見最後一面，一個是交代遺言，一個是招魂。就見最後一面而言，這種見面最大的作用是團聚家族中的成員，讓每個成員與臨終者見最後一面，也讓臨終者最後再見家族中成員的最後一面，使臨終者與家族中的成員能夠再度確認彼此是隸屬於同一個家族，不僅這一世為同一家族的成員，就算臨終者去世後，彼此還是同一家族的成員。

這種團聚有兩個主要的面向：一個是情感上的團聚，一個是理性上的團聚。從情感上的團聚來看，這種見最後一面的作為，目的在於重新喚醒家族成員彼此血濃於水的一體感情。從理性上的團聚來看，這種見最後一面的作為，目的在於化解家族成員彼此間的歧見，使彼此間的關係復歸為一。

上述見最後一面的完成，除了家族成員需要圍繞在臨終者身邊以外，還需要藉著交代遺言來落實見最後一面的實質意涵。因為，見最後一面的情感團聚與理性團聚的效用，無法單純出現在見最後一面的形式中，它還需要交代遺言與招魂來落實此一形式的真實意涵。以下，我們說明交代遺言與招魂的意義與內容。

就交代遺言而言，臨終者與家人之間是有一些事情需要做最後的交代。如果這些事情沒有得到妥善的處理，那麼臨終者就沒有辦法完成他應盡的道德責任。這時，他就算死了，也無法稱之為善終。所以，為了讓臨終者可以善終，他需要完成下述的事情：第一、完成家族主權的傳承工作；第二、完成家族財物的分配工作；第三、完成家族家訓的傳承工作；第四、完成家族家規的傳承工作；第五、完成對家族成員勉勵的工作[8]。

就第一個項目而言，家族的主權如果沒有得到妥善的傳承，那麼家族就會陷入四分五裂的狀態。所以，將家族的主權交由長子來繼承，並得到家族成員的認同是很重要的事情。

就第二個項目而言，有關家族財物的分配也是很重要的事。因為，家族財物的分配如果出了問題，家族的團結也會出問題。所以，為了避免財物繼承困擾家族的團結，傳統採取長子繼承所有權，統一分配給家族中的成員使用，一方面避免分家產分出糾紛，一方面繼續維持家族的一體性。

就第三個項目而言，除了主權與財物的繼承外，家族還需要有家訓的精神傳承來維繫。如果一個家族缺乏家訓的提振作用，那麼這個家族會因為缺乏精神中心而無法維繫下來。所以，家訓一方面有凝聚家族向心力的作用，一方面有維繫家族發展於不墜的功能。

就第四個項目而言，為了讓家訓能夠發揮最大的效果，家族還需要有家規幫忙。家規的目的在於規範家族成員的行為，使家族中的成員在行為時知所進退，不至於違反家訓的要求，也不會讓家族蒙羞。

就第五個項目而言，這是臨終者對於家族中成員的最後交代，目的在於勉勵他們，希望他們能夠光宗耀祖，為家族爭光。換句話說，臨終者的勉勵重點不在臨終者個人本身的期許，而在整個家族發展的成全上。

當臨終者完成上述的遺言交代之後，他就可以算是功德圓滿了。這時，他不僅完成祖先交付的任務，也完成自己交棒給後代的責任。同時，他還在上述任務的達成中完成自己的道德使命。最後，在死亡來臨時，家族中的成員以招魂的儀式回饋他們對於臨終者的感情要求，以完成臨終者的善終期許。藉著屋頂的招魂與屋內屋外的尋找，家族中的成員盡情地表達出他們對於臨終者的不捨，希望透過這樣的儀式挽回臨終者的性命[9]。這種忘我的呼喚，正是招魂儀式所要傳達的家族情感一體的意涵。在經過這樣的招魂努力之後，傳統的臨終關懷才算是真正的告一段落。

第四節　傳統臨終關懷的消失

從上述的探討可知，傳統對於臨終關懷是有一套還算完整的作法。不過，這套作法在社會的變遷中逐漸消失，以至於讓後來的人誤認為傳統根本就沒有所謂的臨終關懷的存在。那麼，為什麼後來的人對於傳統臨終關懷會有這樣的誤解產生呢？關於這個問題，我們可以分成幾個方面來看：第一、傳統殯葬業者的服務模式所帶來的印象；第二、死亡禁忌的影響；第三、現代臨終場所的轉變；第四、法律規定的影響；第五、臨終教育的失傳。以下，我們分別論述之。

就第一點而言，傳統殯葬業者的服務模式是以人死後作為服務對象。在這樣的服務過程中，一般人逐漸形成一個印象，那就是殯葬服務只服務亡者而不服務臨終者。如果殯葬業者想要服務臨終者，那麼一般人不但不會認為這樣的服務是好的，反而會認為這種服務是臨終者的催命符。在這種情況下，慢慢地一般人就忘了殯葬服務是根據殯葬禮俗而服務的。既然傳統的殯葬禮俗有臨終關懷的部分，那麼殯葬服務當然也應該有才是。可是，在這種遺忘中，殯葬禮俗臨終關懷的部分自然也受到了遺忘。現在，在我們的一般印象中，殯葬服務是絕對不會有臨終關懷的。

就第二點而言，過去認為死亡是一件非常不好的事情，只要可以避免觸及就盡量不要觸及。但是這種逃避的結果，不但沒有讓我們遠離死亡，相反地還讓我們深陷死亡的困擾當中。因為，這種態度忽略了一個問題，那就是死亡不只是一個事實，它還是一個問題。如果沒有解決死亡所產生的問題，那麼這些問題將會困擾生者與亡者，讓他們生死兩不安。為了解決死亡所產生的問題，我們不能在當事人死後才來解決問題，而必須在當事人臨終時就解決問題。唯有如此，死亡所產生的問題才有可能化解。現在，一般人為了逃避死亡而不願意碰觸臨終，結果將使死亡問題無法解決，也讓臨終關懷消失在人們的意識之外。

就第三點而言，過去的臨終場所主要是在家中。當一個人在家中臨終時，他不需要顧慮社會上的死亡禁忌，他只要考慮如何解決死亡所帶來的問題，因此他自然就可以獲得家人對他的臨終關懷。但是，由於現在臨終場所變了，我們的臨終主要不在家中而在醫院。所以，我們對於臨終者的臨終關懷也跟著變了。對一般人而言，醫院是個醫治疾病的地方。在這個地方當中，它的目的是要救治生命，而不是帶來死亡。然而，臨終卻是會導致死亡的過程。因此，站在原先設計的功能角度，我們很難要求醫院具有這樣的關懷功能。可是，醫院卻又是今日我們大多數人臨終的場所，這就使得不具有臨終關懷功能的醫院必須承擔這樣的功能。這種現實上的困境，使得我們的臨終關懷很難有機會得到實現。

就第四點而言，現代法律存在的目的在於解決公領域的問題。對於私領域的問題原則上它不介入，除非這種問題會影響社會的安定。根據這樣的原則，我們的法律基本上只處理與遺產有關的事務。對於遺產以外的臨終問題，它認為是屬於私領域的問題，以不介入為原則。那麼，為什麼法律會有這樣的認定呢？這是因為遺產會牽涉到遺產稅的問題。如果法律對此不加以處理，那麼就會對其他的繳稅者產生不公平的問題，使得其他繳稅者有一個不繳稅的藉口。為了杜絕這樣的藉口，法律必須介入遺產的處理。除此之外，遺產的分配也會為家庭帶來風波。如果遺產分配不公平，這時家中成員的和諧氣氛就會受到破壞，甚至於造成社會的不安。為了避免這種事情發生，法律必須介入遺產的處理。但是，這種介入的結果雖然減少了遺產糾紛的發生，卻又製造出其他問題，使得一般人誤以為只有遺產問題才是臨終關懷的問題。如此一來，使得臨終關懷逐漸淹沒於遺產處理當中不復可見。

就第五點而言，過去有關臨終關懷的知識與作法主要傳承於家庭當中。一個人如果沒有家庭的傳承，那麼他就無法瞭解臨終關懷的知識與作法。因為，對一般人而言，他不可能在臨終之前就有臨終關懷的知識與作法。假如他想要擁有這樣的知識與作法，那麼他無法得自於自己的經驗，他只能從家庭的傳承經驗中獲得。現在，隨著臨終場所的改變，他不再能夠從家庭當中學會臨終關懷的知識與作法。但是，他也沒有機會從醫院當中學會。因為，醫院本身並不提供這樣的知識與作法。所以，他只能從學校當中學習。可惜的是，學校卻又認為這是屬於私領域的部分，應該由家庭來傳授而不是學校。這樣認定的結果，使得臨終關懷的知識與作法失去了教育傳承的管道，不再為人們所熟知。

習 題

一、傳統臨終關懷是否真實存在？請說明。

二、傳統臨終關懷要解決什麼樣的問題？請簡述。

三、傳統殯葬禮俗有何臨終關懷的作為？請簡述。

四、傳統臨終關懷的知識與作法被遺忘的理由為何？請簡述。

案例

老陳是個住在城市裡的讀書人，從小家裡雖然不太富有，卻也算是小康。因此，小時候家裡人就希望老陳能夠多念點書，將來看能不能考中科舉做個官，好光宗耀祖服務鄉里。後來老陳長大了，果然沒有辜負父母的栽培與期許，考個進士做了縣官。從此，一帆風順前程似錦。

沒想到，在這樣的順境當中突然聽到家中傳來噩耗，家僕告知老太爺病危，希望老陳連夜兼程回家。老陳乍聽之下，不禁大驚失色，悲慟不已，遂將一切公事妥善交代完畢，連夜兼程趕回故鄉。在途中，老陳內心一直忐忑不安，不知父親是否會等到他返回家中。所以，他只有祈求上蒼多多保佑。幸好，皇天不負苦心人，老陳終於趕回家中見到了老太爺的最後一面。

在老陳回到家中時，他發現父親已經移鋪到了正廳，家人也全部圍繞在父親身邊，個個神情悲戚。他隨即問了家人，為什麼要將老太爺這麼快就移鋪過來。家人的回答是，老太爺前兩天的神情看起來就不太對。除了氣若遊絲以外，他老人家還一直說老陳的祖父在等他。可是，老陳的祖父已經過世許多年了。所以，他們認為老太爺的時間不多了。因此，一方面差遣家僕快馬通知老陳，希望他趕快回家見老太爺最後一面，一方面準備將老太爺搬鋪到正廳當中俟終。

這時，老太爺發現老陳已經回到家中，就立刻要老陳趕快過來身邊。老陳原先認為父親身體那麼虛弱，不敢太過靠近，以免打攪父親的休息。現在，發現父親要他過去，覺得父親情況似乎好了許多，連忙趨前向父親請安。就在這時，父親開口說話了。他對著所有的家人宣稱，從此以後這個家的人都必須聽從老陳的話，彷彿他自己還活在人間。除此之外，他還要家人團結一致，不僅不可以有個人的私心，還要為這個家多付出一些，讓這個家能夠更加發揚光大。如果在財務上有什麼需要，儘管向老陳說，老陳會設法幫大家解決的。但是，個人絕對不可以說要脫離這個家庭，如果有人不聽，那就是不孝。接著，他老人家又告誡家中所有的人，要他們牢牢記得祖先的家訓，千萬要勤儉持家，不要過著太奢華的生活。因為，在這一生當中，他看過太多奢華敗家的事情。因此，他希望家人能夠牢牢記得，這樣就不會辜負他的苦心。最後，他特別針對老陳勉勵，希望他為官一定要清廉、勤政愛民，絕對不可以變成貪官污吏，否則將來不僅愧對祖先，也會讓他黃泉之下無法安心。當老陳聽到父親這麼說時，一面急著回應，承諾未來一定會按照父親的交代行事，絕對不會違背，一面卻又悲從中來，眼淚不禁奪眶而出。

此時，父親的聲音逐漸微弱，慢慢趨於沉寂。不知過了多久，老陳突然警覺父親的狀況不對，好像已經停止呼吸，進入安眠的狀態。家人遂忍住悲慟的情緒，趕忙前往屋頂招魂，希望能夠讓老太爺再度復活過來。結果，無論魂怎麼招，老太爺還是無法還陽。最後，老陳只好和家人一起幫父親治喪，好善盡為人子的孝道。

註釋

1 請參見徐福全著，〈台灣殯葬禮俗的過去、現在與未來〉，《社區發展季刊》第96期：臨終關懷與殯葬服務，2001年12月30日，頁103。

2 請參見尉遲淦著，《禮儀師與生死尊嚴》（台北：五南，2003年1月），頁29-30。

3 請參見尉遲淦主編，《生死學概論》（台北：五南，2007年10月），頁90。

4 請參見尉遲淦著，〈試比較佛教與基督宗教對超越生死的看法〉，《2003年全國關懷論文研討會論文集》（高雄：輔英科技大學人文與社會學院，2003年12月25日），頁173-174。

5 請參見信願法師著，《生命的終極關懷》（台中：本院山彌陀講堂，2003年12月），頁86-87。

6 請參見徐福全著，《台灣民間傳統喪葬儀節研究》（台北：徐福全，1999年3月），頁31-32。

7 請參見尉遲淦著，〈現代人的善終問題〉。2008年倫理思想與道德關懷學術研討會：生死的面對與超越（台北：淡江大學通識與核心課程中心，2008年5月9日），頁10。

8 請參見尉遲淦著，〈現代人的善終問題〉。2008年倫理思想與道德關懷學術研討會：生死的面對與超越（台北：淡江大學通識與核心課程中心，2008年5月9日），頁10-11。

9 請參見林素英著，《古代生命禮儀中的生死觀——以〈禮記〉為主的現代詮釋》（台北：文津，1997年8月），頁80-81。

第六章 現代的臨終關懷

第一節　現代臨終關懷的出現

過去，在醫院系統出現之前，我們如果生病，不是自己到藥房買藥，就是請醫生到家中看病。後來，醫院系統出現以後，我們治病的方式稍有改變，除了繼續到藥房買藥以外，還會到醫院看病。不過剛開始時，我們只是到醫院看病，並不會住在醫院。後來，我們不只到醫院看病，還會住在醫院治病。就是這種在醫院治病的情形出現以後，我們才知道人在醫院治病不一定會痊癒。既然治病會有不痊癒的情形發生，那就表示病人有可能會在醫院臨終。這種病人在醫院臨終情形的出現，讓我們改變了過去對於臨終場所的印象。

就我們對於傳統的瞭解而言，傳統對於臨終的場所是有規定的。一個人如果要臨終，那麼他一定要臨終在家中，如果他不是臨終在家中，那麼我們就會直覺地認為他沒有善終。因此，一個人如果想要善終，那麼他除了選擇家中作為臨終的場所外，就沒有其他地方可以選擇了。可是，在醫院系統出現以後，我們發現這種情形改變了。除非一個人不生病，只要他生病，病得重一點，他就不得不住進醫院治療。萬一在醫院沒有治好，他就可能死於醫院。這種在醫院臨終的情形，讓我們知道一個人的臨終可以不在家中。

問題是，過去認為一個人如果想要善終，就只能在家中。在家中以外的地點死亡，都不能算是善終[1]。這麼說來，在醫院臨終的病人不就沒有機會善終了嗎？表面看來，的確如此。可是，我們會停留在這樣的想法當中嗎？如果我們只能停留在這樣的想法當中，那麼在醫院臨終的病人確實沒有善終的機會。然而，我們不會只停留在這樣的想法當中，因為會在醫院臨終的人不是只有病人，實際上是所有的人。既然所有的人都有可能，那麼我們就要解決沒有善終的問題。唯有如此，有一天當我們變成病人時，才有機會獲得善終。

基於這種人人都想善終的想法，我們看看醫院系統是否提供相應的解決方法？根據我們的瞭解，醫院系統並沒有提供這樣的解決方法。為什麼醫院系統不提供呢？這是因為醫院系統認為醫院只是治病的地方，而不是臨終的地方。對於一個不是臨終的地方，我們要求提供臨終關懷的服務似乎有點強人所難。可是，住進醫院的病人不是百分之百都會痊癒出院。實際上，有些病人是會死亡的。既然醫院會有死亡出現，就表示病人在醫院臨終也是醫院需要處理的問題之一。因此，我們不能因為醫院不是為了臨終而設，就逃避我們對於臨終病人應有的責任。所以，嚴格說來，一個負責任的醫院就應該考慮周詳地為臨終者提供臨終關懷的服務。

那麼，為什麼醫院不為臨終病人提供臨終關懷的服務呢？這是因為醫院沒有想到呢？還是因為醫院沒有能力？就現實的發展來看，主要的理由可能是醫院沒有想到。為什麼醫院會沒有想到呢？理由非常清楚，因為醫院主要的任務在於治病。既然以治病為主，對於治病以外的事情當然就不多加考慮。而病人臨終的問題就是這種治病以外的事情，原先不在醫療的考慮之中，所以就不會受到醫院的注意。更何況，病人在醫院臨終，對於醫院是一種很大的羞辱，表示醫院的醫術有問題。因此，對於醫院而言，這種否定醫院能力的事情自然不在考慮的範圍之內。

除此之外，就算醫院有一天承認自己醫術有限，自覺本身對於病人沒有辦法做到全部治癒的可能，這時是否就表示醫院有能力提供臨終關懷的服務呢？說真的，只要我們對醫療系統有較深刻的瞭解，就會發現答案是否定的。為什麼我們會給予這樣的答案呢？這是因為醫療系統有其自身對於照顧的認知。根據這樣的認知，醫療系統決定什麼是醫院該提供的照顧，什麼不是醫院該提供的照顧。對醫療系統而言，醫院該提供的照顧是跟治病有關的照顧，而跟治病有關的照顧主要集中在生理部分，因此凡是和生理照顧無關的就不屬於醫院可以提供的部分。問題是，病人對於臨終的需求遠遠超過生理的部分。所以，我們如果希望醫院能夠提供臨終關懷的服務，那無異於緣木求魚的期盼。

這麼說來，在醫院臨終的病人是否就完全沒有善終的希望呢？其實，並不盡然。因為，如果我們把希望單純地寄託在醫生身上，那麼的確不太容易解決。可是，如果我們不要把希望只寄託在醫生身上，從醫生以外的人著手，那麼機會就會大增。實際上，醫院中有關臨終關懷服務的出現，確實也是來自於醫生以外的人。那麼，這個人是誰？從歷史的記載來看，我們都知道這個人就是桑德絲。為什麼她會有這樣的構想出現呢？這是因為她有一段切身的經驗。對她而言，當她還是護士的時候，她曾經照顧過癌症末期的病人。當時，她深深感受到病人的痛苦，也深深體會到醫院對於病人照顧的無情。對於那些可以治癒的病人，醫院會盡全力去救治他們。對於那些無法救治的病人，醫院在束手無策的情況下，就只會採取不聞不問的作法。因此，她認為她有責任幫助這些癌症末期病人解決問題[2]。

於是，她開始思索如何幫助他們，怎麼樣才能讓他們免於惡終的命運而得到善終？表面看來，要解決這個問題似乎並不困難。只要我們指出現有醫療照顧的缺失，並提出可能解決的方案，那麼醫院就會主動積極的配合。實際上，她在推動之後，就發現問題沒有當初想的那麼簡單。如果她真的希望這樣的改革能夠成功，那麼就必須先解決橫亙在前的兩個障礙：第一個是來自於傳統文化的障礙，認為癌症末期病人臨終時沒有辦法得到善終是一件天經地義的事情；第二個是來自醫療系統的障礙，認為醫療只要提供病人生理照顧就可以了，何必管到病人的其他需求。那麼，她對於這兩個障礙是如何解決的？以下，我們給予進一步的說明。

首先，為了改變當時醫界的觀念，她採取了一個很有膽識的作為，就是不再以護理人員或社工人員的身分推動照顧模式的改革，而改以醫生的身分推動照顧模式的改革。為什麼她要採取這樣的策略呢？這是因為她在嘗試用其他方式推動照顧模式的改革時，都沒有成效，後來經過朋友的提醒，她終於瞭解改革要有成效就必須從內部突破。換句話說，要改變醫療系統的作法，最好的方式就是變成醫療系統的一分子。

因此，在她從醫學院畢業拿到醫生執照以後，她就極力開發能夠控制疼痛的止痛劑，讓當時的醫療系統清楚知道，疼痛不是疾病的必然後果，更不是上帝的懲罰。以往我們對於疾病之所以有這樣的想法，是因為我們從來沒有想要解除疾病所帶來的疼痛問題。結果疾病所帶來的疼痛，就被誤解為上帝對病人的懲罰。現在，她藉著止痛劑的研發，讓當時的醫療系統清楚知道疾病和疼痛是可以分開的。即使疾病沒有治癒的可能，疼痛還是可以控制的。透過這樣的努力，她終於逐漸打破疼痛是上帝對於病人懲罰的觀念，讓癌症末期病人在臨終時可以不受到痛苦的困擾。

其次，為了突破當時醫療系統的照顧觀念，認為對於病人的照顧只能從生理層面切入，她從基督宗教過去照顧的經驗中汲取靈感。對她而言，基督宗教提供了很好的照顧經驗。其中，最讓她感動的就是愛的付出。在愛的付出當中，我們看到了上帝的博愛，也就是無私的愛。在這樣的愛的行動當中，照顧者不會事先設定受照顧者需要什麼，而會根據受照顧者的需求提供相關的照顧。所以，在這種以受照顧者為主的照顧模式啟發下，她認為我們對於癌症末期病人的照顧也是一樣，應該以他們本身的需求為主，這樣的照顧才能真正滿足他們的需求，幫他們解決問題。否則，我們只要繼續停留在過去的醫療照顧模式當中，那麼他們的需求就沒有辦法得到滿足，他們的問題也就沒有解決的可能，當然更不用說得到善終的機會。

就是這樣的啟發，讓她發現癌症末期病人的需求是多方面的，除了生理層面的問題需要解決外，還有心理層面、靈性層面以及社會層面的問題需要解決。只有在他們的需求全部都得到滿足之後，他們才有善終的可能。不僅如此，她還發現他們和一般病人不同的特殊需求，就是他們都即將死亡。為了讓他們可以安心臨終，她不僅提供全程的照顧，讓他們可以安心走向死亡，還提供對家屬的照顧，讓臨終者無後顧之憂[3]。

通過上述這兩點的突破，桑德絲終於彌補過去醫療系統在照顧方面的缺失，讓癌症末期病人不再處於被遺棄的狀態。除此之外，她還進一步提供臨終關懷的服務，讓他們可以安心地在醫院臨終。對我們而言，這種以癌症末期病人照顧為主，設法讓他們能夠獲得善終的照顧方式，就是現代的臨終關懷，也是一般所謂的安寧緩和醫療照顧。

第二節 現代臨終關懷想要解決的問題

在瞭解現代臨終關懷是如何出現的以後，我們進一步探討現代臨終關懷想要解決的問題，為什麼我們要探討這個問題呢？這是因為它有助於我們瞭解現代臨終關懷為何會提出這樣的照顧內容。因此，我們必須先探討現代臨終關懷想要解決的問題。可是，我們要怎樣去探討這個問題呢？對我們而言，從傳統醫療照顧的不足點切入，會是一個很好的選擇。因為，現代臨終關懷的出現，就是為了解決傳統醫療照顧不足的部分。所以，我們可以從這一點開始反省，進入現代臨終關懷想要解決的問題。

那麼，傳統醫療照顧有何不足呢？根據我們的瞭解，傳統醫療照顧的不足是來自於傳統醫療對於照顧的認知。對傳統醫療而言，醫療的主要任務在於治癒病人。因此，只要是有助於病人疾病治癒的作法，傳統醫療就會加以納入。相反地，如果這樣的作為對於病人疾病的治癒沒有幫助，那麼傳統醫療也會加以排斥。所以，對病人疾病的治癒是否有所助益，是傳統醫療決定是否接受某項作為的標準[4]。本來，我們對於這樣的標準實在不應該有任何批評的意見，但是，當我們深入瞭解這個標準時，就會發現這個標準在落實上並不像表面看起來那樣沒有限制。實際上，這個標準在落實時是有很多限制的。

例如在什麼是對病人疾病治癒有關的認知上，傳統醫療就把治癒的範圍限制在疾病本身，認為只要疾病治癒了，那麼疾病所衍生的問題也就跟著消解了。正如疾病所衍生的疼痛，就會在疾病治癒後消失。本來，這樣的說法也沒什麼問題。因為，疾病所衍生的問題的確是隨著疾病的發生而出現的。只要我們把疾病確實治癒了，疾病所衍生的問題自然就會隨之消解。問題是，不是所有的疾病都可以治癒，像癌症就是一個很好的例證。對於那些不能治癒的疾病，疾病所衍生的問題也就無法自然得到消解。這時，站在醫療的立場，我們就有責任對這些問題加以處理。可是，受限於既有的認知，傳統醫療對於這些問題就忽略了，完全不覺得有處理的必要。

不僅如此，在疾病的治療上，傳統醫療也認為自己不會失敗。萬一有失敗的情形出現，那麼傳統醫療會做出一個判斷，就是失敗的原因不是出自醫療本身，而是來自於其他因素，例如不是醫生有所疏失，就是醫療水準暫時無法解決。

問題是，醫療真的可以治癒所有的疾病嗎？這樣的想法到底是一個事實，還是一個理想？如果是一個事實，那麼治療失敗的情況就不可能發生。現在，治療失敗的情形出現了，就表示這樣的想法只是一個理想。但是，這樣的理想有沒有實現的可能？如果可能，那麼治療的失敗只是一種暫時的現象。如果不可能，那就表示治療的失敗是一種醫療的宿命。對我們而言，這個問題的確切答案並不重要。重要的是，治療的失敗是目前的一個現實。既然有這個現實存在，傳統醫療就必須予以處理。不能因為拒絕承認失敗，就完全不理會這些問題。

此外，傳統醫療對於疾病也有自己的認定。對他們而言，所謂的疾病一定和生理有關。至於生理以外的部分，就和疾病無關了。即使後來出現了精神分析的說法，他們一樣認為心理的疾病歸根究底也只是生理的問題。一個人如果生理沒有問題，那麼他不僅不會有心理的疾病，也不會有生理的疾病。所以，對傳統醫療而言，生理層面才是疾病的唯一相關因素。可是，他們忘記了人的生病不只是生理的問題，同時還是心理、靈性的問題。因此，如果我們只知從生理層面著手，那麼有許多疾病的問題就無法得到徹底的解決。為了能夠徹底解決這些疾病的問題，傳統醫療不能只是侷限於生理層面的處理，而必須擴大處理的層面。

從上述這些限制來看，傳統醫療在疾病的處置上是很單薄的。對他們而言，只有疾病本身才是處理的重點。換句話說，只有病體才是傳統醫療關懷的重點。至於疾病以外的部分，就不是關懷所在了。問題是，疾病的發生不是發生在虛空當中，而是發生在病人身上。如果我們忽略了病人的需求，而只是從病體著手，那麼病人的問題就很難得到完整的處理。如此一來，病人的問題自然也就沒有辦法得到徹底的解決。所以，為了完整處理病人的問題，我們需要瞭解病人的所有需求。

根據上述的探討，我們知道一般人在治病時，最在意的事情就是如何將疾病治好。可是，有時疾病是治不好的，甚至於會帶來死亡，像癌症末期病人就是這樣的例子。對這些人而言，如何將疾病治好已經不是他們關懷的重點。因為，他們就算想要把疾病治好也不可能，頂多只是多拖延一些日子，多受一些醫療的折磨而已。對他們而言，他們真正關懷的是如何有個好的臨終，甚至於是善終。因為，只有這樣，他們才能有尊嚴地離開人間。否則，他們只有死於疾病及其所衍生問題的摧殘。

那麼，他們要如何才能免於疾病及其所衍生問題的摧殘[5]？首先，就是放棄疾病可以治癒的想法，讓自己有時間準備臨終。因為，如果不放棄可以治癒的想法，那麼病人就會不斷受到醫療的摧殘，甚至於失去準備臨終的機會。這麼一來，病人就沒有機會得到善終。此外，在放棄可以治癒想法的同時，不是要讓病人處於無人聞問的困境當中，而是要繼續針對病人的需求做處理。像是疾病所引起的疼痛問題，就需要處理。如果我們完全不去理會這個問題，那麼病人就只能死於疼痛之中。當然，在這種情況下，病人是不可能有善終的。

另外，病人在臨終時要不要急救，也是個很重要的問題。如果病人要急救，那麼可能又會陷入傳統醫療的困境當中，就是無論如何都要救治到底。如果不急救，那麼病人就可以安然而逝，不再受到醫療的摧殘。對病人而言，要不要急救也是他是否能夠獲得善終的一個重要問題。除了這些問題之外，臨終場所的規劃也很重要。如果還是像過去那樣，只把醫院當成治病的地方，而不是臨終的地方，那麼病人是很難得到善終的。除非我們重新設計，把臨終的需求納入醫院的規劃當中，那麼病人才有善終的可能。

其次，在上述的生理需求外，我們還要考慮病人的心理需求。對病人而言，他不只是生理的問題需要解決，還有心理的問題也需要解決，像是對於疾病的感受問題。對病人而言，一般的疾病是沒有什麼大的心理問題發生的，可是當疾病是屬於會帶來死亡的癌症時，整個反應就會有天壤之別。為什麼會有這麼大的差別出現？主要是因為疾病的相關評價不同。對於一般疾病，我們並沒有太特殊的評價。但是，對於類似癌症的重大疾病，我們的評價就不是正常，而是天譴的說法。因此，當病人是屬於這類的病人時，我們就必須考慮他對疾病會不會出現這類的負面評價。如果他會，我們就必須協助他解決問題，這樣他才有獲得善終的機會。

此外，我們還要進一步考慮疾病所帶來的死亡問題。對病人而言，一般的疾病並不會帶來死亡，因此，也就沒有死亡恐懼的問題需要處理。可是，癌症這種疾病致死率非常高，所以，我們必須處理病人可能出現的死亡恐懼問題。如果我們不去處理，那麼病人就很難坦然接受死亡，當然也就沒有所謂善終的可能。另外，我們還有心願的問題需要處理。對病人而言，如果在平常，他的心願有沒有了，其實並沒有那麼重要。然而，在這一刻，情況卻大不相同。如果他沒有及時將心願了了，那麼他的心願就永遠沒有了的時候，也就會成為永遠無法實現的遺願。因此，我們必須協助他們解決心願的問題，這樣他們才有善終的可能。

除了上述的心理問題外，我們還有靈性（精神面）的問題需要處理。對病人而言，一般的疾病對他的生命其實並沒有太大影響。但是，癌症就不一樣了。對他而言，癌症代表的是天譴，表示他的一生所作所為都是有問題的，因此，對於他的生命就會帶來許多負面的評價，彷彿他的生命是不值得活的。如此一來，在失去生命意義的支撐下，他的一生就無法得到肯定，當然，他也就失去了獲得善終的可能。所以，為了讓他能夠獲得善終，我們需要關懷病人生命意義的問題。

此外，我們還要關懷病人死後歸宿的問題。如果我們面對的是沒有死後生命想法的病人，那麼這個問題對他就沒有太大的意義。但是，如果我們面對的是承認有死後生命存在的病人，那麼這個問題就會變得非常重要。如果我們不去處理這個問題，那麼他死後就不知魂歸何處。對他而言，不知魂歸何處的結局不是他要的結局，這樣會讓他無法善終。所以，為了讓他能夠善終，我們必須處理死後歸宿的問題。

最後，我們還要協助病人處理相關的社會問題。由於病人已經處於人生的最後階段，除非他自己還能行動，否則就需要其他人幫忙處理日常瑣事。除了這個問題以外，更重要的是，有關家人安頓的問題。對他而言，如果家人無法得到安頓，那麼他就沒有辦法安然而逝。因此，為了讓他能夠安然而逝，我們需要協助安頓他的家人。另外，關於病人的喪事也是一個需要處理的重要問題。對病人而言，他已知死期將至，這時，如果他發現喪事沒有著落，那麼他當然就沒有辦法安心而逝；如果他發現喪事有人處理，那麼他就不會受困於這個問題，而可以安然逝去。由此可見，喪事的處理也是病人能否獲得善終的重要問題之一。

第三節　現代臨終關懷的作為

根據上述的探討，我們知道病人有關臨終的需求是多面向的。除了傳統醫療強調的生理層面外，還包括了心理層面、靈性層面和社會層面。如果我們希望病人能夠得到善終，那麼就必須同時滿足這些不同的面向。如此一來，病人不僅可以無憾地離開人間，也可以尊嚴地離開人間。那麼，現代臨終關懷是如何滿足這些需求，讓病人可以又無憾又尊嚴地離開人間？

首先，就生理層面而言，現代臨終關懷和傳統醫療不同。就傳統醫療而言，救治到底是醫生應有的作為。但是，現代臨終關懷就不同了。對於那些已經無法救治的病人，我們不應該繼續採取醫療措施，而應該改採緩和醫療的作法。換句話說，也就是一方面給予基本的醫療控制，讓病情不要惡化得太快；一方面給予疼痛控制，讓病人的臨終不要受太多的苦。就是這種雙管齊下的作法，讓病人可以擁有一個好的臨終品質。以下，我們舉一個例子說明。例如病人在覺得疼痛的時候，他可以擁有自主控制的注射裝備。這樣子，他就不需要每一次在疼痛時都得等候護理人員的注射。

除了疼痛控制之外，對於臨終時病人要不要急救的問題，現代臨終關懷也提供他們的建言。對他們而言，臨終急救是一種摧殘病人生命的作法。雖然我們強調生命是神聖的，不應該放棄任何有機會存活的生命，但是對於一個沒有繼續存活可能的生命，我們應該採取尊重的態度，讓這樣的生命可以安然而逝。千萬不要因為拘泥於生命的神聖，而忘記了生命的自然，以至於摧殘了生命。就是基於這樣的考量，現代臨終關懷認為癌症末期病人應該可以採取放棄急救的措施[6]。唯有如此，臨終病人才不會在急救的摧殘下，失去了應有的人性尊嚴。

此外，現代臨終關懷還注意到環境與設備的問題。對病人而言，他們對於環境與設備的要求是不同於常人的。就一般人而言，只要環境舒適、乾淨、明亮就夠了。同樣地，在設備方面只要舒適、便利即可。可是，對一個即將死亡的病人而言，這樣的要求就不夠了。對他們而言，他們不僅要求舒適、乾淨、明亮的環境，更要求要有家的感覺。因為，如果醫院沒有家的感覺，那麼病人在臨終時就沒有熟悉感，也就沒有安全感，當然就不可能善終。所以，為了讓病人在臨終時有機會善終，現代臨終關懷建議病人的病房設計與醫院環境的設計可以往家的方向規劃。

同樣地，在設備的要求上，他們也和一般人不同。不僅要求舒適、便利，還要合用。因為，他們不像一般人那樣可以自由使用設備，而需要設備遷就他們的需求。所以，這些設備都必須依據他們的需求設計。例如洗澡機就是一個特殊的設計，讓臨終的病人也可以享有清潔的樂趣。從這點來看，我們就會發現現代臨終關懷對於臨終病人的照顧是如何貼心。

其次，就心理層面而言，現代臨終關懷也和傳統醫療不同。對傳統醫療而言，心理層面的問題是不需要處理的。因為，這一部分問題的處理是家屬與病人的事情。的確，對一般病人而言，這些心理層面的問題都可以自行處理。但是，對於癌症末期的病人而言，這些心理層面的問題就不見得是家屬與病人可以有能力處理的。因為，這些心理問題都很棘手。

例如疾病感受的問題。就一般人而言，一般的疾病是不會引起什麼特殊感受的。可是，如果是癌症這類的重大疾病，一般人是會出現特殊感受的。對他們而言，這類的疾病不是正常的疾病，而是上天給予懲罰的特殊疾病。因此，對於罹患這些疾病的病人，一般人總會給予特殊的眼光，認為他們一定是在道德宗教上做了什麼不該做的事情，才會得到這樣的疾病。所以，為了化解他們內心的糾結，現代臨終關懷特別強調這種疾病的正常性，只是罹患的人數較少而已。既然只是人數多寡的問題，那麼我們就不必給予過度負面的評價。這麼一來，臨終病人在面對自己的疾病時，就不會產生過度的聯想，誤以為自己的疾病是和道德宗教的作為有關。

除了疾病的感受問題外，病人還在意死亡的問題。對他們而言，這樣的疾病和一般的疾病不同。一般的疾病是不會帶來死亡的，而癌症這類的疾病是會帶來死亡的。因此，他們在罹患一般疾病時不會有死亡的恐懼。但是，只要他們罹患的是癌症這類的疾病，就會出現死亡的恐懼。所以，現代臨終關懷需要為他們化解死亡恐懼的問題。那麼，我們要如何為他們化解死亡的恐懼呢？由於每個臨終病人對於死亡恐懼的原因都不同，因此我們不可能給予同一個答案。即使我們想給同一個答案，這個答案也未必可以解決所有病人的死亡恐懼問題。

基於這樣的認知，我們需要針對每個臨終病人提供適合他們需要的答案。如此一來，現代臨終關懷才能真正化解所有病人的死亡恐懼問題。以下，我們舉一個例子說明。例如有的臨終病人之所以恐懼死亡，理由不是別的，而是他對於死亡的無知。由於他對死亡無知，因此會出現許多不該有的聯想。如果我們能夠讓他清楚瞭解死亡是怎麼回事，那麼他對死亡的恐懼就會消解於無形。由此可見，瞭解死亡恐懼的原因是化解死亡恐懼的最恰當作法。

此外，病人也在意心願的問題。如果病人得到的是一般疾病，那麼在還有時間的前提下，病人是不會在意他自己的心願問題。因為，對他而言，這些心願還有時間實現。就算現在暫時實現不了，未來疾病痊癒後還有實現的機會。可是，對於臨終病人就不一樣了。對他們而言，這些心願已經沒有其他實現的機會。如果我們不利用這段時間實現，那麼這些心願就永遠沒有實現的一天，只能成為永恆的遺憾。為了避免永恆的遺憾，現代臨終關懷認為需要幫助他們實現這些心願。問題是，這些心願可能很多。因此，我們得按照優先順序，從最重要、最在意的心願開始。如果還有時間，才進一步考慮較次要的心願。這麼一來，我們才有機會將臨終病人的遺憾降到最低。

例如像一碗麵媽媽的故事就是如此。對媽媽而言，他們家真的很窮。不過，她認為窮並不可怕，可怕的是沒有志氣。所以，她婉拒了所有人的捐款。她唯一的心願就是，在她去世時，她的先生可以擁有一份穩定的工作，她的孩子可以有人照顧、關心他們的課業。就這樣，現代臨終關懷幫她解決了這兩個問題，她也就可以無憾地離去。這種幫助臨終病人實現最後心願的作法，就是現代臨終關懷可以提供的作為之一。

再次，就靈性層面而言，現代臨終關懷也和傳統醫療不同。對傳統醫療而言，靈性問題不是醫生該關懷的問題，而是家屬與病人該關懷的問題。的確，如果我們指的病人是一般的病人，那麼這些問題由他們自己去處理就可以了。因為，他們可以在疾病痊癒後去找相關的人處理。然而，癌症這類的病人就不一樣了。對他們而言，他們已經沒有多餘的時間或精力去尋找這樣的人幫忙解決問題。他們唯一能夠做的事情，就是在醫院的照顧服務中等候他人幫忙處理。因此，現代臨終關懷設法提供這樣的服務，讓他們可以在臨終時走得安心而有意義。

例如有關生命意義的問題。如果他們在臨終時沒有解決這個問題，那麼他們就會走得很難堪，彷彿他們這一輩子白活了。所以，為了讓他們覺得這一生活得有意義，我們需要幫他們化解這一生活得沒有意義的問題。那麼，我們怎樣才能幫他們化解這一生沒有意義的困擾呢？就現代臨終關懷而言，我們需要在他們的日常生活中找出他們生存的價值。藉著這些價值的挖掘，讓他們知道自己這一生過得很值得。這種對於生命意義的重構，也是現代臨終關懷所提供的一項作為。

除了生命意義的問題外，現代臨終關懷也注意臨終病人死後歸宿的問題。對一般人而言，一般的疾病是不需要注意這樣的問題。因為，這樣的疾病並不會帶來死亡，因此，我們自然不需要考慮死後歸宿的問題。但是，癌症這類病人的情況就不同了。對他們而言，只要罹患這類疾病，他們就要有可能會死的打算。所以，如果他們不去關注死後歸宿的問題，那麼一旦死亡來臨，他們就沒有辦法死得很坦然。因為，他們對於死後的去處還沒有妥善的處理。就是基於這樣的考量，現代臨終關懷設法幫助他們解決死後歸宿的問題，讓他們可以善終。

例如像一個有宗教信仰的人，他雖然有信仰，但是似乎並不是那麼虔誠。因此，當他的生命接近終局的時候，他突然想到他死後的可能處境。為了避免死後到處漂泊，於是他希望能夠藉著過去的信仰解決這個問題。可是，他又擔心他的不夠虔誠，無法讓他死後的生命找到歸宿。這時，現代臨終關懷就可以協助他，讓他知道宗教是慈悲的。雖然他過去沒有那麼虔誠，但是只要他這段時間可以虔誠信教，那麼該宗教最終還是會接納他的。這種幫助臨終病人鞏固信仰，讓他可以安心逝去，就是現代臨終關懷的作為之一。

最後，就社會層面而言，現代臨終關懷也和傳統醫療不同。對傳統醫療而言，病人如果有社會層面方面的問題，那是病人與家屬的問題，而不是醫院的問題。因為，醫院只負責治病，其他事情一概不管。可是，現代臨終關懷就不同了。對他們而言，醫院對病人的照顧不是只有治病，還有其他問題。只要這些問題會干擾病人，我們都有責任加以處理。因此，現代臨終關懷關心的是整個病人的人性需求，而不只是病體而已。

例如家人安頓的問題。對一般病人而言，這種安頓是不必要的。因為，病人只要經過短時間的治療就可以出院返家。所以，我們不需要為病人的家人操心。可是，癌症這類病人不太一樣。對他們而言，他們已經沒有出院的機會，也沒有能力繼續幫助他的家人。不過，他還是擔心他們，認為他們在他死後會有問題發生。因此，我們需要協助他們解決問題，這樣他們才能安心逝去。

例如上述的一碗麵媽媽。為什麼她會有那樣的心願？這是因為她深深瞭解自己家的貧窮。一旦她死後，她擔心她先生有能力找到工作，也擔心她的孩子會有人照顧。所以，為了讓她可以放心離去，我們需要幫助她安頓她的家人。這種設法安頓家人的作為，就是現代臨終關懷的一項作為。

除了家人的安頓外，喪事的處理也很重要。如果我們沒有好好安排臨終病人的喪事，那麼他就會覺得沒有安全感，擔心死後沒有人辦喪事。因此，為了讓他安心，我們需要在他臨終之前安排好喪事。不過，只有喪事的安排還不夠。我們還需要根據他的意願，為他安排屬於他的喪事。

例如像聖嚴法師。當他知道他自己即將往生，他就特別交代他的後事要如何處理。這時，不僅他自己可以安然離去，也讓他的弟子有跡可循，讓他們知道如何辦理師父的後事，而不會只是按照一般的作法來辦。這種尊重臨終病人意願的作法，也是現代臨終關懷的作為之一。

第四節　現代臨終關懷所遭遇的問題

在瞭解現代臨終關懷的作為之後，我們發現相對於傳統醫療照顧的單薄，現代臨終關懷已經盡可能地滿足病人的所有需求。既然如此，這就表示病人在現代臨終關懷的照顧下有機會得到善終。問題是，這樣的判斷到底是形式上的判斷，還是實質上的判斷？如果這樣的判斷是形式上的判斷，那就表示現代臨終關懷雖然已經照顧到病人的所有需求，但是在問題的解決上還有一些不足的地方。如果這樣的判斷是實質上的判斷，那就表示現代臨終關懷的作為已經滿足所有病人的需求。那麼，有關現代臨終關懷的判斷會是哪一種呢？就我們的瞭解，現代臨終關懷的作為尚未圓滿達成上述的要求，也就是善終的任務。

我們為什麼會有這樣的判斷呢？這是因為現代臨終關懷的作為有一些隱藏的問題沒有弄清楚。例如人有沒有一定壽命的問題[7]。如果人有一定的壽命，那麼只要我們沒有活到那樣的壽命，自然就會有其他想法出來。就像是我們是否得罪了神明，所以才會縮短壽命；還是我們自己做了不該做的事情，所以才會縮短壽命。相反地，如果我們活到了一定的壽命，那就表示我們既沒有得罪神明，也沒有做錯事。

可是，這樣的判斷是對的嗎？一個人有沒有做錯事，和他是否可以活到一定的壽命真的有關聯嗎？就實際情形來看，我們很難將這兩者關聯在一起。因為有的人是沒有做錯事，卻很短命；有的人做錯事，卻很長命。所以壽命和道德並不見得是要連在一起的。

同樣地，壽命和宗教也不見得要連在一起。一個人即使信仰不虔誠、不按照宗教要求來生活，他也不一定會短命。相反地，他即使一切都按照宗教的要求過活，也不一定會長命。由此可見，人的壽命是一回事，人的宗教道德作為是另外一回事。

如果這樣的說法可以成立，那麼現代臨終關懷強調的自然死就不見得很有意義。因為，所謂的自然死是指人的壽命有一定。在不延長壽命或不縮短壽命的情況下，現代臨終關懷提供一些善終的作法。可是，正如上面我們所說的那樣，如果人根本就沒有一定的壽命，那麼所謂的不延長壽命或不縮短壽命就沒有意義。既然如此，我們就不會出現像現代臨終關懷那樣的判斷，彷彿只有自然死才是好的，沒有自然死就是不好的。對我們而言，真正決定病人是否善終的關鍵，不在於病人是否死得自然，而在於病人是否死得沒有困擾，甚至於圓滿。如果病人死得困擾，就算是死得自然，還是沒有辦法說是善終。因此，真正善終的死法是和病人是否死得自然沒有關係的。

順著這樣的說法下來，我們發現現代臨終關懷還有另外一個問題，就是對於臨終階段的過度強調。實際上，一個人是否可以獲得善終，臨終階段固然重要，死後階段也很重要。如果我們只是強調臨終階段，認為安樂活很重要，只要我們活得安樂，自然就可以善終，那麼在這種情況下，病人可能更不希望死。因為，他會產生一個錯覺，認為只有活著才是好的，死不是好的。雖然現代臨終關懷一直強調死亡的不可避免，但是在強調安樂活的情況下，死亡可能逐漸被轉移到陰暗的地方，而沒有得到正面的處理。因此，活著才有希望，死亡只是絕望，這種強烈對比的印象就會形成。如此一來，現代臨終關懷希望病人可以坦然接受死亡的理想就會消失。所以，為了改變一般人對於現代臨終關懷的印象，讓現代臨終關懷真的可以達成幫助臨終病人獲得善終的任務，我們需要重新思考強調安樂活的必要性。

此外，我們認為在某些問題上，現代臨終關懷對於善終問題的解決方法未必那麼完整深入，以至於在處理時，臨終病人不見得可以如實地獲得解答。以下，我們舉一個例子說明。例如在有關為什麼是自己得到癌症的問題上，現代臨終關懷提供的解決方法就不是很恰當。為什麼我們會這麼說呢？這是因為現代臨終關懷一般都會用宗教的方式解決這個問題。但是，不是每個人都有宗教信仰。何況，有時候這樣的解決方法也未必恰當。對於沒有宗教的人而言，我們如果用宗教的理由來解決這個問題，那麼他不一定會接受這樣的解決方法。這時，他的問題就會出現無解的狀態。那麼，他也一定沒有辦法得到善終。為了讓他可以獲得善終，我們可以從疾病本身的出現著手，讓他知道一個人之所以罹病，不是因為他做了什麼不該做的事情，而只是一種環境或生理的偶然。因此，我們即使罹了病，還是可以正面地迎向死亡。

至於對於有宗教信仰的人而言，如果我們提供的是屬於宗教方面的理由，那麼他可能會接受這樣的理由。不過，這並不是說這樣的接受都沒有問題。因為，有的人在解釋時採取的是負面的理由，像是還債之類的說法。根據這樣的解釋，病人之所以得病，是因為病人做了一些不該做的事情。雖然這些事情不見得是這輩子做的，但是做了不該做的事情卻是個事實。因此，他的得病就是一種償債的行為。所以，他必須安於這樣的狀態，他的問題才有消解的可能，要是他一直不願意接受這種事實，會讓他處於更罪惡的狀態。為了消解自己的罪惡，病人只好接受這樣的說法，讓自己免於痛苦的深淵。

可是，這樣的解釋雖然可以讓病人接受死亡，卻無助於善終的獲得。對現代臨終關懷而言，我們提供宗教解釋的目的不是為了讓病人接納死亡，而是希望病人獲得善終。基於這樣的考量，我們不能只從負面的角度提供理由，而需要從正面的角度切入。換句話說，我們要提供的是正面的解釋，讓病人的得病可以擁有正面的價值。那麼，要怎麼做才能擁有正面的價值？一般而言，就是從考驗的角度著手，表示這是宗教給予的殊榮。我們只要通過這樣的考驗，就可以獲得永恆的償報。這麼一來，病人在正面價值的肯定下，就有獲得善終的可能。

根據上述的說明，我們知道對於病人罹病的問題，可以依據病人有無宗教信仰提供不同的解答。不過，無論如何，我們認為解決問題的最佳方法，還是讓自然歸於自然，宗教道德歸於宗教道德。

因為，疾病的發生是有自然原因的。如果我們不從自然本身著手，而從宗教道德著手，那麼結果只會讓整個問題變得更加複雜，對於問題的解決無濟於事。因此，為了讓整個問題變得更單純，我們認為有關疾病的解釋還是還歸自然的層面較為恰當。至於宗教道德的部分，我們認為可以當作自我生命選擇歸趨的方向，成為強化自己面對疾病、超越疾病的力量來源。

習題

一、 現代臨終關懷出現的理由為何？請簡單說明。

二、 現代臨終關懷所要處理的問題為何？請簡單說明。

三、 現代臨終關懷的作為為何？請舉例說明。

四、 現代臨終關懷有哪些盲點？請舉例說明。

案例

小王是個大學剛畢業的年輕人，目前在一家電子公司上班，可以說是科技新貴。家中人口簡單，除了剛娶進門的媳婦外，就是年齡老邁的父母。最近，父母剛做完身體檢查，本想先看完父母親的檢查報告後，再好好地為父親慶祝生日。沒想到天有不測風雲，在報告出來後，小王才知道父親罹患末期肝癌。對於這個青天霹靂的消息，小王不知如何是好。最後，在不得已的情況下，小王也只好告訴父親這個不幸的消息。一時之間，家中陷入一片愁雲慘霧的狀態。為了確認起見，他們又找了另外一家醫院檢查。可是，結果並沒有改變。

這時，小王就想應該如何是好。最初，他像一般人的反應一樣，認為只要有決心，醫到底，一定會有奇蹟出現。可是，經過一段時間的治療，他發現父親顯得非常痛苦，效果也不怎麼樣。於是，他就設法深入瞭解，發現癌症末期病人不一定非得繼續治療不可，因為對他們而言，這樣的病是治也治不好的，還不如將剩餘的時間拿來處理自己想要處理的事情，或許會走得比較沒有遺憾些。

表面看來，放棄治療或許對小王的父親會是比較好的選擇。不過，小王此時又擔心另外一個問題，就是害怕父親在放棄治療的情況下只能在家等死。對小王而言，這種情形是他不能接受的。等他弄清楚後，他才知道放棄治療不見得就是等死。因為，為了控制病人的疼痛，現代臨終關懷會提供疼痛控制，讓病人的臨終不至於受制於疼痛，而可以有比較好的臨終品質。

不僅如此，現代臨終關懷還會提供全人的照顧。除了上述的疼痛控制外，由於病人會面對死亡的問題，他們還提供急救與否的建議，讓家屬與病人知道急救是怎麼回事，避免家屬與病人陷入錯誤的判斷中。對小王而言，他在瞭解整個情況後，和家人做了很長的討論，最後父親決定放棄急救。因為父親認為該活的都活了，現在如果只是利用急救多活幾天，還要受那麼多的苦，也讓家人的心懸在半空中，不如走得自然一些算了。雖然大家都捨不得父親的離去，但是站在尊重父親的立場上，他們還是不得不同意父親的決定。

此外，小王也發現父親自從得知自己罹癌之後，表面雖然還是一派輕鬆，但情緒反應卻不比往常。由此可知，父親一定受到癌症極深的影響。因此，他決定問問父親，看父親有何想法。經過父子促膝長談之後，父親告訴小王他自己的想法。他認為自己一定是做了什麼不該做的事情，否則不會罹患癌症。在得知父親對於自己的疾病下了負面的判斷之後，小王為了讓父親釋懷，就請了父親最信任的師父幫忙開導，讓父親知道事情不是自己想像的那樣。經過師父的開導之後，父親終於想通了，知道生病不見得是自己的錯。比較重要的是，如何在病中重新肯定自己生命的價值。就在這樣的理解下，父親終於重新肯定自己生命的價值，認為自己這一生並沒有白來。當最後臨終的那天來臨時，父親在家人的圍繞下帶著微笑離開了人間。

註釋

[1] 請參見尉遲淦著，〈現代人的善終問題〉。2008年倫理思想與道德關懷學術研討會：生死的面對與超越（台北：淡江大學通識與核心課程中心，2008年5月9日），頁8-9。

[2] 請參見鈕則誠、趙可式、胡文郁編著，《生死學》（台北：國立空中大學，2002年8月），頁164。

[3] 請參見鍾昌宏編著，《安寧療護暨緩和醫學——簡要理論與實踐》（台北：財團法人中華民國安寧照顧基金會，1999年7月），頁13。

[4] 請參見尉遲淦主編，《生死學概論》（台北：五南，2007年10月），頁100。

[5] 請參見尉遲淦主編，《生死學概論》（台北：五南，2007年10月），頁103-104。

[6] 這也就是台灣會在二〇〇〇年同意公布「安寧緩和醫療條例」的原因。

[7] 請參見尉遲淦編著，《生命倫理》（台北：華都，2007年6月），頁201-203。

第七章

殯葬的臨終關懷

第一節　殯葬臨終關懷的出現

經過上一章的探討，我們知道現代的臨終關懷是專門針對癌症末期病人開發出來的照顧模式。既然如此，這就表示這樣的照顧模式是針對癌症末期病人的需求。由於所有的重症病人在照顧上都有類似的需求，因此現代臨終關懷就進一步把原先為癌症末期病人開發出來的照顧模式，擴大應用在其他重症病人身上。這種擴大應用的結果，讓所有的重症臨終病人都可以享有現代臨終關懷的照顧。對他們而言，這樣的擴大應用的確是一個福音。不過，只有這樣還不夠。因為，除了重症病人會死亡以外，其他病人也有死亡的可能。所以，比較好的作法，就是讓所有的臨終病人都有機會得到現代臨終關懷的照顧。

對我們而言，這種讓所有臨終病人都能得到現代臨終關懷照顧的想法確實很好。可是，只有這樣是不夠的。因為，會臨終的除了病人以外，還有其他人。對於這些人，由於他們不是病人，所以他們沒有辦法得到現代臨終關懷的照顧。然而，他們還是有臨終的需求。那麼，他們是否可以得到傳統臨終關懷的照顧？由於家庭結構的轉變，傳統臨終關懷的失傳，所以他們也沒有辦法得到傳統臨終關懷的照顧。這麼說來，他們是否就失去了獲得善終的機會？

其實，情況也沒有那麼糟糕。因為，他們雖然沒有機會獲得現代臨終關懷的照顧，卻或多或少總是可以沾到一些現代臨終關懷作為的好處。例如臨終時是否要急救的問題。過去，我們在人命關天的觀念主導下，認為親人如果面臨臨終的狀態，最好的作法就是將親人緊急送醫院急救，這樣才能表達我們的孝順。同樣地，基於醫療法規的規定，醫生也認為他們需要對於送來醫院的臨終者進行急救，才表示他們善盡醫德。不過，這樣做的結果，讓許多臨終者在死亡前又受了許多折磨，也沒有辦法救活過來。

現在，在安寧緩和醫療條例的規定下，臨終者只要是無法救治的病人，在死期可以預期的情況下，經過當事人簽署同意放棄急救的意願書之後，醫生就可以不予急救。在這種有關臨終急救觀念與作法轉變的影響下，一般的臨終者雖然不能直接算是安寧緩和醫療條例的適用對象，但是在死期可以預期的情況下，只要家屬書面同意不採取急救的措施，醫生也願意配合，讓臨終者不再受到急救的摧殘[1]。

問題是，只有急救這一項的受惠是不夠的，臨終者對於臨終關懷有更多的要求。對他們而言，他們也希望能夠像臨終病人那樣得到更完整的臨終照顧。可惜的是，這樣的要求對他們而言太過奢侈。因為，不管他們有多少的臨終照顧要求，只要他們不是病人，他們就不可能得到這樣的臨終關懷。那麼，他們是否因此就沒有善終的可能呢？

說真的，結果也不見得如此。因為，他們雖然沒有辦法得到現代臨終關懷的照顧，卻還可以得到傳統臨終關懷的照顧。可是，我們在前面不是說傳統臨終關懷已經失傳了嗎？那麼，他們為什麼還有機會得到傳統臨終關懷的照顧呢？根據我們的瞭解，傳統臨終關懷雖然已經失傳了，但是相關的形式卻在傳統殯葬禮俗當中保留下來。因此，一般的臨終者雖然沒有機會得到現代臨終關懷的照顧，卻可以在傳統殯葬禮俗的規定中得到善終。

這麼說來，一般的臨終者只要依據傳統殯葬禮俗的規定臨終就可以了。問題是，事情真的有那麼簡單嗎？根據我們的瞭解，事情似乎沒有那麼簡單。因為，臨終者要得到善終是需要清楚瞭解傳統殯葬禮俗規定的意義。如果沒有清楚的瞭解，只是單純的接受規定，那麼這樣的接受是無法讓臨終者得到善終的。所以，如果我們希望臨終者真的得到善終，那麼就必須讓臨終者瞭解傳統殯葬禮俗規定的意義。

可是，就現實層面的操作來看，我們發現情況並非如此。實際上，一般人對於傳統殯葬禮俗的規定並不清楚，甚至於誤解。例如有關移鋪的規定。原先移鋪的意思是，人在臨終時從寢室移到正廳的作為，目的在於讓臨終者可以在正廳的水床上俟終。這麼一來，親人在死時就可以算是善終。但是，現在一般的理解卻變成人死後從醫院移到家中的水床上，認為這樣親人才算是善終。

從這樣的理解轉變來看，我們發現一般人不僅誤解了傳統殯葬禮俗有關移鋪規定的真正意義，也誤以為只要做出類似的儀式，臨終者就算是善終了。實際上，臨終者是否善終，關鍵不在於他們是否實現了相關的規定，而在於他們是否實現了相關規定的內容。如果他們沒有實現相關規定的內容，只實現了相關規定的形式，那麼這種實現是無法讓臨終者獲得善終的。因此，臨終者是否實現了相關規定的內容，就成為臨終者是否能夠得到善終的關鍵。

那麼，臨終者要實現什麼樣的內容才算是善終呢？根據我們前面的瞭解，我們知道臨終者要實現的內容是家族傳承的任務[2]。一個人只要能夠順利完成家族傳承的任務，那麼這個人死的時候就可以算是善終。但是，如果一個人在死的時候沒有辦法完成這樣的任務，那麼他的臨終就不能算是善終。所以，站在傳統臨終關懷的立場而言，一個人只要能夠順利完成家族傳承的任務，就表示他已經有資格獲得善終了。

現在，我們對於這個問題還要再做進一步的反省。那麼，為什麼我們要這樣做呢？這是因為上述善終的內容是屬於傳統臨終關懷的內容。如果臨終者是古代的臨終者，那麼上述善終的內容確實可以滿足他。可是，現在的臨終者不是古代的臨終者。因此，上述善終的內容未必適合他。如此一來，我們必須尋找新的善終內容。如果我們沒有做這樣的重構工作，那麼臨終者在接受臨終關懷時，就會失去善終的機會。因為，我們提供的善終內容是古代的內容，而不是現代的內容。為了讓臨終者真的可以得到善終，我們需要提供符合現代人要求的善終內容。

那麼，現代人要求的善終內容是什麼呢？首先，我們必須要注意的是，現代人所需要的善終內容不能是古代的那一套。因為，古代的那一套雖然也可以滿足個人的善終需求，但是這種滿足卻是集體的滿足。對於現代人而言，這種集體的滿足不是他們所要的滿足。如果我們真的希望能夠滿足現代人對於善終的要求，那麼這樣的滿足就必須是個別的滿足。因為，個別獨立自主的要求是現代人對於事情判斷的標準。所以，我們在提出相關的善終內容時，一定要滿足這樣的需求才可以。否則，即使我們所提出的善終內容再好，也不能滿足現代人對於善終內容的要求。

其次，有關善終的內容不能只是傳統臨終關懷的內容。因為，這樣的內容太過單薄，不能滿足現代人的需求。例如個人的生命意義，就不能只從家族任務的傳承上得到滿足，而必須針對個人的存在情況做處理。所以，有關現代人善終內容的重構，我們還需要借鏡於現代的臨終關懷。那麼，現代臨終關懷對於我們重構的任務可以提供什麼樣的助益呢？根據我們的瞭解，這個助益就是一方面讓我們瞭解現代人有關善終要求的滿足必須是個別性的，一方面讓我們知道現代人有關善終內容的滿足必須包括人的生理、心理、靈性與社會四個層面。換句話說，現代人如果想要善終，那麼他除了需要滿足個別的要求外，還需要滿足個人的所有需求。

就是基於這樣的理解，我們認為只有傳統的臨終關懷，是不足以滿足現代人對於臨終關懷的要求。同樣地，專門針對病人需求所開發出來的現代臨終關懷，也不全然適合現代人對於臨終關懷的要求。如果我們真的想要滿足現代人對於臨終關懷的要求，那麼除了借鏡於現代臨終關懷的觀念與作法外，還要結合傳統殯葬禮俗對於善終的要求與作法。唯有在重新統整這兩者的想法與作法後，我們才有可能找出真正適合現代人需求的臨終關懷，也就是所謂的殯葬的臨終關懷。

第二節　殯葬臨終關懷想要面對的問題

在瞭解殯葬臨終關懷存在的理由之後，我們進一步探討殯葬臨終關懷想要面對的問題。那麼，這個問題要怎麼探討呢？對我們而言，這個問題的探討當然要從現代臨終關懷出現問題的地方談起。為什麼我們要從這個地方談起呢？這是因為我們可以從這個地方瞭解殯葬臨終關懷想要處理的問題。那麼，現代臨終關懷出了什麼問題呢？根據我們的瞭解，這個問題就出在現代臨終關懷最初想要解決的問題上。為什麼我們會有這樣的認定呢？這是因為我們認為現代臨終關懷之所以出問題，是來自於最初想要解決的問題有問題。如果最初想要解決的問題沒有問題，那麼現代臨終關懷就不會出問題。所以，我們如果想要瞭解現代臨終關懷為什麼會出問題，那麼就必須對最初想要解決的問題重新做反省。

根據我們的瞭解，現代臨終關懷之所以會出現的最初動機，主要在於希望能夠幫助癌症末期病人解決他們病痛的問題。在現代臨終關懷出現之前，一般人認為一個人之所以會罹患癌症這樣的疾病，主要是因為他在做人處事上有了宗教道德方面的瑕疵。所以，在上帝的懲罰下，他才會罹患這樣的絕症。既然罹患了這樣的絕症，這時他就應該附帶地接受絕症所帶來的病痛。如果他沒有接受這樣的病痛，那就表示他沒有真心悔悟的打算。因此，當一個人在罹患這樣的絕症之後，他就必須心悅誠服地接受病痛的懲罰。唯有接受病痛的懲罰，他才有機會洗刷他的罪惡。可是，洗刷罪惡的結果並不表示他就可以獲得善終，相反地，由於他的病痛，更加證實他沒有善終。

對現代臨終關懷而言，這樣的懲罰是不合理的。因為，癌症本身已經是最大的懲罰了，上帝似乎沒有必要再加上病痛的懲罰，何況，上帝是慈愛的上帝，怎麼會忍心讓病人受到這麼多的折磨？就是基於這樣的反省，現代臨終關懷設法解決病人病痛的問題，但是解決病人病痛的問題是一回事，病人是否可以得到善終則是另外一回事。因此，為了讓病人真的可以得到善終，現代臨終關懷從病人的病痛控制出發，進一步深入到病人各個層面的需求，像是生理層面的需求、心理層面的需求、靈性層面的需求、社會層面的需求等等。希望藉著這些層面需求的滿足，讓病人最終可以獲得善終。

問題是，當現代臨終關懷在考慮如何幫助病人滿足各個層面的需求時，我們發現了一個非常關鍵性的問題，那就是現代臨終關懷考慮的重點都放在生的這一面。例如有關病人疼痛如何控制的問題。對我們而言，這個問題要有意義，一定要在病人還活著的時候。如果病人已經死了，那麼這樣的疼痛控制就沒有意義。所以，有關疼痛控制的問題，是針對病人還活著時在做處理的。同樣地，其他層面需求的滿足也是一樣。如果在滿足這些層面的需求時，病人已經死亡，那麼這樣的滿足就沒有意義。因此，為了讓所有的作為有意義，現代臨終關懷必須從生的角度考慮臨終的問題。

不過，對我們而言，只有這樣的考慮是不夠的。因為，只從生的角度考慮臨終問題的結果，會讓我們停留在生的層面。彷彿人除了生的層面之外，就沒有其他層面了。那麼，為什麼他們會有這樣的想法呢？對於這個問題，一般我們可以找到兩種相關的解釋：第一種是有關唯物主義的解釋；第二種是有關基督宗教的解釋。

就第一種解釋來看，由於現代臨終關懷的出現是為了解決傳統醫療照顧不足的問題，因此無形中也就接納了傳統醫療對於生命的認知，認為人的生命只有一世，人死之後就會化為烏有。根據這樣的想法，我們當然只能處理生的層面，至於死的層面就沒有處理的必要了。

就第二種解釋來看，由於現代臨終關懷是在基督宗教的氛圍中出現的，因此無形中也就受到基督宗教的影響，認為人死後雖然還有永恆的生命，但這一部分是屬於上帝的權限，人是沒有能力介入的[3]。所以，無論是受到醫學上唯物主義的影響，還是宗教上基督宗教的影響，現代臨終關懷都只能處理生的層面，而沒有辦法進入死的層面。

對殯葬臨終關懷而言，這樣的處理是有問題的。因為，人的生命有兩個層面：第一個層面是生的層面；第二個層面是死的層面。如果我們只處裡其中的某一個層面，而忽略了另外一個層面，那麼這樣的處理都是不完整的。因此，為了完整兼顧這兩個層面，我們需要同時處理生的層面和死的層面。由此可見，現代臨終關懷只處理生的層面是不夠的。

不過也有人可能會提出質疑，認為現代臨終關懷也有處理死的層面。只是在處理死的層面時，現代臨終關懷沒有另行處理這樣的問題，而只是從生的層面給予交代。換句話說，現代臨終關懷認為只要生的層面沒有問題，那麼死的層面自然也就不會有問題了[4]。

然而，就殯葬臨終關懷而言，這樣的思考太過簡單。實際上，生的層面的處理和死的層面的處理還是不太一樣。即使我們在生的層面已經處理得沒有問題了，這也不表示在死的層面我們的處理一樣沒有問題。

例如在生的層面我們已經有了信仰，可是在死的層面我們並不確定這樣的信仰是否就可以獲得永生。因為，有關人是否可以獲得永生的關鍵，畢竟不在人這一邊，而在上帝那一邊。因此，站在殯葬臨終關懷的立場，我們需要將生與死這兩個層面的處理稍作區隔，以免混淆這兩者，誤以為這兩者是同一件事。

在釐清上述生與死的觀念之後，我們進一步要問的是，殯葬臨終關懷想要面對的問題是什麼？根據我們的瞭解，殯葬臨終關懷所要面對的問題，其實和傳統臨終關懷、現代臨終關懷一樣，都是與善終有關的問題。換句話說，殯葬臨終關懷異於傳統臨終關懷、現代臨終關懷的地方，在於對善終問題切入角度的不同。就傳統臨終關懷而言，有關善終問題的切入，是把生等同於死來看。因此，傳統臨終關懷認為只要把生的問題解決了，死的問題也就跟著解決了。所以，我們只要完成生的傳承任務，臨終者在死亡之後自然就可以順利回去面見祖先。也就是說，亡者就可以得到善終。

同樣地，現代臨終關懷也是採取類似的看法，認為無論死的問題為何，只要解決生的問題，所有的問題就算解決了。因此，只要解決臨終者疾病所帶來的問題，臨終者就可以順利獲得善終。不過，殯葬臨終關懷採取不一樣的看法，認為生的問題就算解決了，也不等於死的問題就解決了。如果我們真的要解決死的問題，還是要從死的問題著手，不能只解決生的問題。換句話說，對臨終者而言，如果他想獲得善終，除了要解決生的問題外，還要解決死的問題。

那麼，臨終者要解決哪些問題才能獲得善終呢？過去，無論是傳統臨終關懷或是現代臨終關懷，他們所關心的問題不是家族傳承的問題，就是疾病解決的問題。這些問題雖然和個人有關，但是這些問題的處理主要還是集中在傳統文化和社會交代上，並沒有直接就個人本身的需要來看。例如家族傳承的問題，就是針對先人遺志的繼承與後代傳承的交代，並沒有針對個人本身做處理。至於疾病的解決似乎和個人有直接關聯，但是如果仔細瞭解，就會發現還是和傳統文化與社會的評價有關，並沒有那麼具有個人色彩。

不過，殯葬臨終關懷就不一樣了。就殯葬臨終關懷而言，個人本身才是整個關懷的重點。因為，如果一個人活了一輩子，他的所作所為都是為了對傳統文化與社會做交代，而完全沒有自己，那麼他的這一輩子就不能說是真正地活過。因此，為了表示他真的活了一生，不只是傳統文化與社會的傀儡，我們必須針對他本身的需求做處理。

可是，個人的需求有很多，我們的重點在哪裡？就殯葬臨終關懷而言，這個重點主要包含三個方面：第一個方面就是個人的生死需求；第二個方面就是個人的願望；第三個方面就是社會需求。

就第一個方面而言，個人的生死需求包含兩個部分：第一個就是死後歸宿的需求；第二個就是生命意義的需求。為什麼我們會認為個人的生死需求包含這兩個部分呢？這是因為死後的歸宿不只是死後的歸宿，也和生命的意義有關。如果個人生前的生命意義不是和死後的歸宿連結起來，那麼這樣的死後歸宿就很難得到實現。同樣地，如果個人的死後歸宿與生前的生命意義無關，那麼這樣的生命意義也就顯得無所歸趨。所以，如果我們想要圓滿處理個人的生死需求，那麼我們不僅要好好處理死後歸宿的問題，也要好好處理生命意義的問題。

在探討完第一個方面的問題之後，我們接著會產生另一個疑問，為什麼在處理完個人的生死需求問題之後，我們要繼續處理個人的願望問題？對我們而言，這種處理的主要理由在於，個人的願望問題會影響個人的生死需求問題。如果個人的願望問題沒有辦法獲得真正的解決，那麼個人的生死需求問題就很難得到真正的解決。這時，個人想要得到真正的善終就變得不太可能。相反地，如果個人的願望問題得到徹底的解決，那麼個人的生死需求問題自然也就得到徹底的解決。這時，個人想要善終也就不成問題。因此，有關個人的願望問題就成為殯葬臨終關懷關注的第二個重要問題。

不過，有關這個問題的探討正如第一個問題一樣，這也不是一個單純的問題。就殯葬臨終關懷而言，這個問題包含兩個部分：第一個就是與自己有關的願望問題；第二個就是與他人有關的願望問題。就第一個部分而言，這個願望之所以只與自己有關，是因為這個願望的實現主體就是自己，而不是別人。因此，一旦這個願望得到實現，我們真正滿足的不是別人，而是自己。例如我有環遊世界的夢想，但是一生當中都沒有加以實現。等到死亡將近，才發現這是我很在意的願望。可惜的是，這個願望已經沒有實現的可能。對我們而言，這樣的願望就是一種與自己有關的願望。

至於與他人有關的願望，這種願望就不像上述的願望，只與自己有關。相反地，這種願望是以他人作為實現的主體，以滿足他人的需要為主。例如媽媽在臨終時擔心孩子長大的問題。對媽媽而言，照顧孩子長大是媽媽的責任，可是媽媽現在已經瀕臨死亡，沒有多餘的時間伴隨孩子一起長大。這時，媽媽就會想像如果她還有多一點的時間，那麼她就可以了這樣的心願。可惜的是，這是不可能的。對我們而言，這樣的願望就是一種與他人有關的願望。

在探討完上述的兩大需求後，我們緊接著探討第三個需求，也就是所謂的社會需求。為什麼我們會把社會需求列為第三個需求呢？這是因為臨終者不只是一個個體的存在，還是一個社會的存在。如果我們把臨終者從社會層面抽離出來，那麼這樣的臨終者就不是一個真正的臨終者，而只是研究的想像存在。所以，為了讓臨終者回歸他真實的存在，我們必須探討他的社會需求。那麼，這樣的社會需求是什麼呢？對我們而言，這樣的社會需求包含許多問題。例如財物的處理問題。對臨終者而言，雖然在他死後財物對他已經沒有意義，但是這些財物的繼承與分配會影響他的家人。因此，如果他沒有妥善地處理這些問題，那麼這些問題還是會困擾著他，讓他沒有辦法得到真正的善終。所以，如果他能妥善處理這些問題，讓這些問題不會成為他的煩惱來源，那麼他就有可能得到真正的善終。由此可見，這樣的社會需求滿足還是很重要的。因為，它們會影響臨終者的善終。

 第三節　殯葬臨終關懷的作為

從上述的探討來看，我們知道殯葬臨終關懷想要面對的問題，主要集中在個人的三大需求上。其中，第一個需求就是個人的生死需求，第二個需求就是個人的願望，第三個需求就是個人的社會需求[5]。針對這三大需求，殯葬臨終關懷提出其自身的觀點。以下，我們分別予以說明。

首先，我們說明個人生死需求的部分。為了徹底瞭解殯葬臨終關懷的作為，我們以傳統臨終關懷和現代臨終關懷的作為當作對照組。就傳統臨終關懷而言，一個人生死需求的滿足重點不在於個人死後如何，而在於生前如何。只要他生前好好善盡個人的道德本分，完成家族傳承的任務，那麼他就足以獲得善終。至於他死後是否真的可以回到祖先那裡，中間是否會有什麼樣的問題，是否需要什麼樣的協助，這就不是問題考慮的重點，當然也就不成為問題。

現代臨終關懷也是抱持類似的看法。對現代臨終關懷而言，一個人的善終之所以會有問題發生，主要在於疾病的困擾。所以，我們只要把疾病及其相關的問題做一完整的處理，那麼臨終者自然就可以獲得善終。至於疾病及其相關問題的處理是否真的可以達成善終的目標，現代臨終關懷就不過問了。如果真的有問題發生，那麼這也是臨終者個人的問題，與現代臨終關懷無關。

可是，對於殯葬臨終關懷而言，這樣的想法是不夠的。因為，對傳統臨終關懷而言，雖然要求的只是臨終者的善盡本分，完成家族傳承的任務，但是承諾的卻是面見祖先的成功。因此，如果只是強調生前這一段，而不管死後那一段，那麼這樣的承諾就會顯得不

夠踏實。所以，為了確實落實這個承諾，傳統臨終關懷還是需要進一步處理死後那一段的問題，讓臨終者可以安心的臨終。

對現代臨終關懷也是一樣。就現代臨終關懷而言，一個人的善終雖然重點放在疾病及其相關問題的處理上，但是只有這樣做，未必可以讓臨終者真的得到善終。如果我們希望臨終者真的能夠獲得善終，那麼除了化解疾病及其相關問題外，還要進一步處理死後歸趨的問題。尤其是，在臨終者死亡之後，臨終者是否可以順利抵達目的地，更是我們要注意的問題。唯有我們徹底解決這樣的問題，那麼我們才能說我們已經善盡協助臨終者的責任。否則，我們的任何作為都是不夠的。

那麼，我們要怎麼做才是夠的呢？就殯葬臨終關懷而言，如果我們真的想要處理善終的問題，那麼這種處理就不能只是處理生的問題，也要同時處理死的問題。只有在生與死的問題都得到了圓滿的解決，我們才能說臨終者真的獲得善終。否則，我們所謂的善終都只能說是主觀的善終，而不能說是客觀的善終。

現在，我們舉一個例子做進一步的說明。一般而言，我們常常會認為一個人只要在他活著的時候好好善盡本分，那麼在他死的時候自然就可以獲得善終。可是，有時我們看到的結局卻不是這樣。就像是他雖然已經善盡本分地活著，卻沒有獲得應有的善終。那麼，這樣的結局代表什麼？根據我們的瞭解，這樣的結局告訴我們一個事實，就是生前如何是一回事，死後如何又是另外一回事。唯有我們同時解決生與死的問題，這時真正的善終才有出現的可能。

因此，一個人即使一生真的都已經善盡了本分，在死亡來臨時，我們也不會貿然告訴他，他一定可以死於善終。相反地，我們會把所有可能遭遇的情形告訴他。就像是他可能生前善盡本分，死後也得以善終。此外，他也可能生前善盡本分，但是死後並沒有得到善終。這時，在沒有得到善終的情況下，他應該採取何種反應的措施？是因此否認自己這一生的努力，認為自己受騙了？還是面對當下的問題做進一步的處置？如果我們採取第一個方式，那麼就會陷入沒有善終的困境。然而，這樣的結局畢竟不是我們真的想要的。所以，我們只有採取第二個方式。那麼，我們要怎麼因應呢？

對殯葬臨終關懷而言，這個因應方式就是針對問題做適當的處置，給予相應的回應。例如有關死亡過程的問題。我們一般認為臨終者死亡時自然會知道如何因應，不需要我們事先予以告知。可是，萬一臨終者不知如何因應時，可能就會陷入困擾之中。嚴重的時候，臨終者甚至可能會否定自己生前的努力，誤以為自己生前做得不夠好，才會陷入這樣的困境。如果我們可以事先告知死亡的過程，讓臨終者知道死亡過程是怎麼回事，會有何種際遇，應該如何因應，那麼屆時臨終者就可以順利通過這一個階段[6]。如此一來，臨終者就不用擔心死亡過程的問題，可以順利獲得善終。

其次，我們說明個人願望的部分。從傳統臨終關懷的角度來看，最重要的事情不是個人的願望是否達成，而是家族傳承的任務是否達成。如果一個人能夠達成家族傳承的任務，即使他個人的願望沒有達成，那麼他也可以算是善終。可是，如果他只達成了個人的願望，而沒有達成家族傳承的任務，那麼他就不能算是善終。由此可知，對傳統臨終關懷而言，決定一個人是否善終的關鍵不在於個人願望是否達成，而在於家族傳承任務是否達成。

至於現代臨終關懷，情況就不太一樣了。之所以不一樣，是因為現代臨終關懷不再把關懷的重心放在家族上，而改放在個人身上。既然放在個人身上，個人的願望是否達成就變得非常重要。

如果個人願望沒有達成，即使家族傳承任務達成了，那麼他一樣會覺得遺憾。這時，他就很難獲得善終。相反地，如果個人願望得以實現，即使家族傳承任務沒有達成，那麼他一樣不會覺得遺憾。這時，他就可以獲得善終。由此可知，對現代臨終關懷而言，決定一個人是否善終的關鍵不在於家族傳承任務是否達成，而在於個人願望是否實現。

那麼，這樣的臨終關懷是否足以解決個人願望的問題？對我們而言，這是不太可能的。之所以如此，是因為傳統臨終關懷把重心放在家族傳承的任務上，無形中忽略了個人的需求。這種忽略的結果，讓個人的存在完全消失在家族的籠罩中。問題是，家族傳承之所以可能，是因為有個人的存在，而個人的存在不只包括家族傳承這一面，還包括個人自己那一面。因此，我們需要重新面對個人自己這一面。

關於這個問題，到了現代臨終關懷就有了進一步的解決。對現代臨終關懷而言，個人願望的實現是一件很重要的事情。如果他沒有辦法實現自己的願望，那麼他就會覺得很遺憾，最終難以獲得善終。可是，只要他的願望得到了實現，那麼他就不會覺得遺憾，自然就有善終的可能。問題是，不是所有的願望都有實現的可能。萬一願望無法及時實現時，我們總不能只用永遠的遺憾作為最後的答案吧！為了化解這個問題，我們需要尋求進一步的答案。

對殯葬臨終關懷而言，這個進一步的答案是很重要的。如果我們沒有提供進一步的答案，那麼遺憾永遠都是遺憾。對我們而言，這時就會懷疑這樣的關懷是否真的是關懷，還是只是做做樣子而已。為了避免這樣的關懷淪為做做樣子，所以我們需要進一步解決這樣的問題。

根據上述的探討，我們很清楚知道個人願望的實現是一件很重要的事情。不過，想要實現願望是一回事，願望是否真的可以實現是另外一回事。萬一願望沒有辦法及時實現，我們又該怎麼辦呢？是採取過去的策略，要當事人放棄願望？還是採取其他策略，設法完成當事人的願望？究竟用哪一個策略會較恰當？嚴格說來，要根據願望的可行性進行評估。如果通過某種補救措施就可以實現的願望，那麼我們當然要幫助臨終者在死後加以實現。可是，如果根本就沒有實現的可能，那麼我們就只有勸導臨終者放下。

現在，我們簡單各舉一個例子說明。像一個媽媽希望在她死後仍然可以陪伴孩子成長，對我們而言，這樣的願望是有實現的可能。相關的作法就是，先找出孩子成長的幾個重要階段，再針對這些階段的問題預錄一些媽媽想說給孩子聽的話。在媽媽死後，當孩子成長到那一個階段時，我們再將預錄的媽媽的話轉交給孩子。這樣子，孩子就會認為媽媽一直都在關心著他。

可是，如果願望不是上述的這一種，而是超出孩子能力範圍的願望。例如對一個資質普通的小孩，希望他未來能夠成為傑出的科學家。問題是，他實在無能為力。即使他未來再努力，也沒有做到的可能。這時，只是為了給媽媽一個交代，孩子就做了任意的承諾。那麼，在媽媽死後，這樣的承諾反而會讓孩子活得很痛苦。對媽媽而言，這樣的承諾就沒有太大的意義，也不是她真心想要的。所以，比較好的作法，就是讓媽媽清楚這樣的願望是不切實際的，沒有堅持的必要。如果任意堅持的結果，只會讓自己陷入不必要的遺憾當中。這麼一來，不僅會對自己帶來傷害，也會對孩子造成傷害。這應該不是想要善終的媽媽所樂見的。

最後，我們說明社會需求的部分。根據上述的瞭解，傳統臨終關懷似乎把家族傳承的任務看成是最重要的事情。不過，我們只要深入瞭解，就會發現這樣的看法太過表面。實際上，傳統臨終關懷之所以把家族傳承的任務看得如此重要，是因為社會要求的結果。如果社會不是做這樣的要求，那麼傳統臨終關懷也就不會做這樣的配合。所以，傳統臨終關懷之所以如此，是配合社會要求的結果。不過，有關社會的要求不只如此。因此，我們才會在傳統臨終關懷的內容中找到其他相關的作為。例如財產的繼承、家訓的傳承等等。可是，無論社會的要求是什麼，傳統臨終關懷都會把重心放在社會的集體要求上，而不會放在個人身上。

同樣地，現代臨終關懷也做類似的處理。不過，現代臨終關懷和傳統臨終關懷還是有些差異。這個差異就在現代臨終關懷會進一步照顧到個人的想法，認為個人的想法是和社會的需求密切相關的。如果我們不去理會個人的存在，而只管社會的需求，那麼這種社會需求的滿足就會變得無所掛搭。因為，作為社會需求滿足載體的個人消失了。所以，對現代臨終關懷而言，社會需求的滿足是無法完全脫離個人獨立存在的。

雖然現代臨終關懷已經比傳統臨終關懷更進一步，認為社會需求的滿足必須與個人的存在關聯起來，但是還是沒有辦法完全正視個人存在的重要性。不僅如此，現代臨終關懷還是像傳統臨終關懷那樣，主要從生的角度思考問題，而不太想到從死的角度思考問題。這麼一來，許多問題的思考就顯得不完整。因此，為了讓個人存在的重要性獲得充分的肯定，關於問題的思考能夠更加完整，殯葬臨終關懷認為我們需要進一步肯定個人存在的優先性，也就是把個人的存在當成社會需求滿足的先決條件，以及對於問題思考的完整性。如果我們沒有這樣做，那麼所滿足的社會需求只能說是社會的滿足，而不能說是個人的滿足；所解決的問題只能說是局部的解決，而不能說是完整的解決。相反地，如果我們這樣做了，那麼這時所達成的滿足就不會只是社會的滿足，而是真正個人的滿足；所解決的問題就不是局部的解決，而是完整的解決。以下，我們以遺產處理為例說明。

就傳統臨終關懷而言，遺產的處理不是我們想怎麼處理就怎麼處理，而是要根據當時的社會規定來做。例如嫡長子繼承，遺產不分家。那麼，為什麼當時要做這樣的規定呢？這是因為分家會導致家族力量的削弱，沒有嫡長子繼承會導致繼承上的困擾。所以，為了維持家族的發揚光大與綿延不絕，有關遺產的處理只能採取不分家與嫡長子繼承的作法。

到了現代臨終關懷，這樣的作法開始有了不同的改變。這種改變的重點，在於慢慢強調個人的重要。雖然社會的規定還是很重要，但是這樣的規定不再是一成不變，而是可以在某種程度上加上個人的意見。這麼一來，個人除了要遵守社會的規定外，還可以有限度地表達出自己的想法。

不過，只有做到這一步還不夠。因為，我們決定要怎麼分配遺產是一回事，是否讓繼承人清楚瞭解自己為什麼要做這樣的分配又是另外一回事。因此，對殯葬臨終關懷而言，如何清楚說明自己為何如此分配遺產的心意是很重要的。除此之外，為了避免未來臨終者死後發生進一步的遺產繼承糾紛，殯葬臨終關懷認為我們還需要做事先的防範準備。在我們真的做了充分的準備之後，未來即使繼承人真的有問題，這樣的問題也才不會在我們死後對我們自己造成進一步的困擾。唯有如此，臨終者希望獲得的善終才能算是沒有困擾的真正善終。否則，所謂的善終都只是暫時的善終，沒有辦法持續到死後。

習題

一、請簡單敘述殯葬臨終關懷出現的理由。

二、請問殯葬臨終關懷想要面對的問題是什麼？請簡單說明。

三、請問殯葬臨終關懷是如何處理個人生死需求的問題？請舉例說明。

四、請問殯葬臨終關懷是如何處理個人願望的問題？請舉例說明。

案例

老章最近在辦喜事，親朋好友都給予最大的祝福。婚宴當天，大家都祝福他們夫妻幸福美滿，早生貴子。就這樣，在親朋好友的祝福中，他們度過了一個甜蜜的洞房花燭夜。婚後第二個月，老章的太太發現自己的好朋友竟然沒有來，一時之間覺得有點緊張，不知到底出了什麼狀況。這天晚上，老章下班回來，她就跟老章提及這件事。這時，老章的反應非常鎮定，認為應該不會這麼快就懷孕，所以就告訴她稍安勿躁，過些時候再說。可是，時間一天一天過去，她的好朋友還是一直沒有來。到了第三個月，老章認為懷孕的可能性很大，因此就到附近檢驗所驗孕。一驗之下，果然真的懷孕了。為了慶祝太太懷孕，他們兩口子就到附近餐廳吃飯慶祝。

就這樣，在老章的細心呵護下，他的太太終於到了臨盆的這一天。剛開始，老章顯得很緊張，他太太也顯得很緊張。不過，醫生安慰他們，告訴他們不用太過緊張，認為生孩子是一件自然的事情，只要放鬆心情就可以了。在醫生的規勸下，他們終於放下緊張的心情，接受生孩子時刻的來臨。可是，放鬆心情歸放鬆心情，老章和他太太還是有點忐忑不安。因為，畢竟他們都沒有生過孩子，不知生的結果會如何。最後，生孩子的時刻終於來臨了。原先，醫生預計一切都會很順利。沒想到，生孩子過程中媽媽出了一些狀況，受到了嚴重的感染。於是，生孩子的喜悅就消失在媽媽的感染中。不久，醫生宣布媽媽的情況不妙，可能有生命的危險。老章在這種情況下，一方面高興孩子的來臨，一方面又擔心太太的安危。可是，老章太太的反應就不一樣了，她雖然得知自己可能有生命的危險，但是很高興自己可以平安生下這樣的寶寶。

萬一自己真的有個三長兩短，為了避免寶寶誤以為自己是個罪魁禍首，所以她開始思考自己應該怎麼做。最後，她決定錄製一些話留給寶寶，讓寶寶知道媽媽是多麼的愛他。雖然他和媽媽沒有機會一起成長，但是媽媽一直都陪伴在他身邊。可是，要怎麼做才能達成這樣的目標呢？她想了好久，都想不到答案。突然間，靈光一閃，她想到了答案。就是回想自己成長的過程，看哪一些是關鍵的階段，再根據這些階段，預錄一些她想留給孩子的話，讓孩子感受到媽媽的愛心與關懷。不過，只有這樣還不夠，還需要有人將這個訊息傳給寶寶，否則，寶寶很難感受到媽媽對他的愛心與關懷。最後，她想到了老章。於是，她告訴老章，她雖然不一定會有事，但是有備無患總是好的。萬一她真的有個三長兩短，希望老章可以將這些預錄的話適時地傳遞給寶寶，一方面讓寶寶知道媽媽是愛他的，一方面讓寶寶瞭解媽媽對他的期許。對於這樣的任務託付，老章最初非常不願意接受，認為接受之後老婆必死無疑。不過，經過老婆幾次曉以大義之後，他只好無奈地接受，因為他知道他如果不接受這樣的託付，那麼老婆就無法安心養病。為了安老婆的心，他只好乖乖接受這樣的託付。

註釋

1 受限於「安寧緩和醫療條例」的限制，凡是不是重症的病人，都沒有機會使用到這個條例所帶來的好處。但是，對於那些瀕臨死亡的人，他們又無法擺脫死亡的糾纏。這時，醫院唯一能做的就是，在家屬同意下放棄急救。有關相關條例內容的說明，請參見尉遲淦著，〈從生死尊嚴的角度省思安寧緩和醫療條例中的生死問題〉。醫事人文學與社會學研討會（高雄：輔英科技大學人文與社會學院，2004年5月20日），頁109-110。

2 請參見尉遲淦著，〈現代人的善終問題〉。2008年倫理思想與道德關懷學術研討會：生死的面對與超越（台北：淡江大學通識與核心課程中心，2008年5月9日），頁10。

3 請參見尉遲淦著，〈試比較佛教與基督宗教對超越生死的看法〉，《2003年全國關懷論文研討會論文集》（高雄：輔英科技大學人文與社會學院，2003年12月25日），頁175-177。

4 例如儒家就是這樣的想法，認為人只要活得道德就可以死得很道德。從來沒有想過，這兩者是否會有差距。

5 上述這些需求如果要攤開來看，就是我們過去所說的臨終關懷應有的項目。相關的說明，請參見尉遲淦著，《禮儀師與生死尊嚴》（台北：五南，2003年1月），頁43-50。

6 對於這個問題的處理，西藏的中陰說法與處理方式給予我們很好的參考借鏡。

第八章 與殯葬服務有關的幾個臨終關懷實例

第一節　因病臨終的應對方法

過去，我們都有一個觀念，就是一個善終的人是不會因病死亡的。如果一個人會因病而死，那麼他一定不能算是善終。這麼說來，一個人只要因病死亡，就沒有善終的可能。倘若這樣的說法是真實的，那麼對於因病死亡的人會不會顯得太不公平？因為，因病死亡的人固然在道德與宗教方面可能沒有那麼完美無缺，但是，這並不表示沒有因病而死的人在道德與宗教方面就完美無缺。因此，我們不能只從一個人是否因病死亡，來決定這個人是否善終。

對於這個問題，現代臨終關懷給了我們很好的啟發。這個啟發就是，一個病人是否可以善終，不能只從傳統的觀點來看。如果我們只從傳統的觀點來看，那麼不是自然老死的都不能算是善終。尤其是，一個人因病死亡更表示他是受到上帝或老天爺懲罰的結果，當然更不能算是善終了。可是，現代臨終關懷不抱持這樣的看法，認為一個人是否能夠善終，不完全決定於他是否因病死亡。關鍵在於，如果他能夠控制自己的疼痛，讓自己不受制於病痛，那麼他就不會覺得因病死亡是不好的。這時，在過著有品質、有尊嚴的臨終生活下，他可能會認為自己是可以善終的[1]。所以，一個人是否善終，不是像傳統想的那麼簡單，只要自然老死就好，是有其複雜的一面。

那麼，我們要怎麼樣來決定一個人的善終呢？一般而言，針對讓他無法善終的因素著手，是解決問題最恰當的切入點。根據這樣的看法，我們要如何做才能讓因病而死的人可以得到善終？最簡單的方式，就是從疾病本身著手。因為，疾病本身就是妨礙臨終病人獲得善終的最大因素。因此，只要我們能夠幫忙化解疾病對於臨終病人所造成的困擾，那麼他就會認為自己夠格獲得善終。由此可見，疾病問題的化解，對於臨終病人獲得善終是多麼重要的事情。

可是，有關疾病的問題要怎麼化解呢？一般的作法很簡單，就是把疾病的問題交給醫生來處理。只要醫生幫我們把病治好，那麼疾病就不再是個問題。可惜的是，現在的情況不太一樣。由於醫生已經無能為力，所以病人才會進入臨終狀態。這時，如果我們還希望醫生能夠幫我們解決疾病的問題，那簡直是緣木求魚。在醫生無力處理這個問題的情況下，我們只能從其他管道著手。不過，這種從其他管道著手的作法，並不是說我們有能力可以解決疾病對生命的威脅，而只是要處理疾病對於生命所造成的負面影響的問題。因為，如果我們不去處理這些負面影響的問題，那麼臨終病人就會在這些負面問題的影響下無法善終。所以，為了讓臨終病人可以獲得善終，我們需要處理這些負面影響的問題。

問題是，我們要怎麼做才能化解這些負面影響？對我們而言，化解的方法有很多種，以下我們一一說明。首先，我們先談現代臨終關懷的作法。就現代臨終關懷的作法而言，解決疾病負面影響的最好方法就是控制疼痛。為什麼控制疼痛會是解決疾病負面影響最好的方法呢？最主要的理由是，疾病之所以讓人無法忍受，除了疾病會剝奪性命之外，疾病還會帶來令人無法忍受的疼痛。就是這樣的疼痛，讓我們認為病人一定是遭受天譴。因此，只要我們化解疼痛的威脅，那麼病人就不會這麼痛苦，無形中也就可以淡化天譴的色彩[2]。

不過，這樣解釋的結果不是為了把疾病所帶來的負面影響都歸咎於生理疼痛的層面。實際上，現代臨終關懷也知道疾病所產生的負面影響不只是與生理層面有關，也與精神層面有關。所以，病人如果想要徹底化解疾病所帶來的負面影響，就不能只處理生理層面的疼痛，還要處理精神層面的認知。一般來講，這種處理主要集中在宗教上面。

例如如果我們把疾病與病痛當成是上帝的懲罰，那麼就很難化解這些負面的影響[3]。因為，病人會把這些疾病與疼痛當成是自己應該接受的懲罰，從中產生極大的罪惡感。相反地，如果我們把疾病與病痛當成是上帝的考驗，那麼就很容易化解這些負面的影響。因為，病人會認為這些疾病與疼痛只是上帝對自己信仰的考驗。一旦自己通過了考驗，不僅疾病與病痛會消失無蹤，自己也可以順利進入天國。

表面看來，這樣的作法似乎已經解決了疾病與病痛所產生的問題。但這樣的作法真的解決了問題嗎？根據我們的瞭解，疼痛控制確實化解了大部分生理病痛的問題。可是，只有生理病痛的化解是不夠的。因為，我們除了生理病痛之外，還有精神認知所產生的困擾。當然，現代臨終關懷也在某種程度上處理了這個問題，像是把過去認為是懲罰的說法轉成考驗的說法。但是，這樣的轉變還是不夠的。因為，考驗的結果如何，嚴格說來，我們並不清楚。其實，真正清楚的是上帝，而我們無從知道答案。因此，有關負面的影響是否已經得到徹底的解決，我們無法給一個定論。但是，對臨終病人而言，一個沒有定論的答案是很難讓他們放心的。所以，我們需要在現代臨終關懷之外尋找其他解決方法。

其次，我們討論目前殯葬執行的作法。就目前的殯葬執行來看，雖然他們並不直接介入臨終關懷的部分，但是還是對病人剛剛死亡有一些作為上的反應。他們之所以會有這樣的反應，其實並不是他們主動想有這樣的反應，純粹是來自於業務執行上的考量。對他們而言，由於醫院太平間通路的開放，經過競標之後，得標者必須提供相關的殯葬服務。可是，如果服務得太直接，只是單純地從傳統殯葬服務的角度切入，那麼會讓家屬覺得太殘忍，彷彿殯葬業者只是死要錢，完全不管家屬剛剛喪親的悲痛。為了避免出現這種死要錢的刻板印象，殯葬業者必須表達出他們的關懷之意，讓家屬覺得殯葬業者也是具有人性關懷的一面。

那麼，他們怎麼表達這樣的人性關懷呢？一般而言，在醫院護理站通知殯葬業者前往病房接體時，殯葬業者不只要在限定時間內前往接體，還要在接體時表現出他們的尊重與關懷之意。我們先就尊重的部分來看，他們除了要服裝儀容整齊地前往接體之外，還要神情肅穆地對亡者鞠躬致意，讓家屬覺得亡者死得很有尊嚴。此外，關於關懷的部分，他們不僅要安慰家屬，還要安慰亡者。通常，他們的安慰方式可以分成兩個部分來看：第一個就是讓家屬清楚接下來要做什麼樣的事情，以免家屬處於慌亂的狀態；第二個就是告訴家屬如何安慰亡者，讓亡者可以安心地離去[4]。

就第一個部分而言，他們先讓家屬清楚瞭解整個運屍作業的流程，再讓家屬瞭解整個過程中他們需要做什麼樣的配合。像是運送過程要不要雙掌合十，進出電梯要不要提醒亡者等等事情。就第二個部分而言，他們會告訴家屬在離開病房前要和亡者說：「病好了！回家了！」之所以要這麼說，是因為亡者最在意的事情就是疾病的事情。如果疾病好了，人可以回家了，那麼對於病人當然是最好的事情。否則，疾病沒有好，人也不能回家，那麼對於病人就是最不好的事情。所以，為了表示病人的出院沒有問題，他們認為應該從病人最在意的部分著手，也就是疾病痊癒的問題，以及出院回家的問題。只要我們解決了這兩個問題，那麼無論是病人或家屬，他們都會覺得很欣慰。這就是為什麼殯葬業者不會建議家屬說其他的話，而只說這些話的理由。

表面看來，站在人性關懷的立場，殯葬業者說這些話也是應該的。因為，對亡者與家屬最覺得困擾的兩件事情就是疾病的問題與回家的問題。一般而言，一個人如果生病住院，那麼在病沒有好之前是不能出院的。如果現在可以出院，而且可以回家，那就表示病人的病好了，一切恢復正常了。因此，一個人能夠出院回家，就表示疾病已經痊癒了。對亡者與家屬而言，這樣的答案是他們最喜歡聽到的。

可是，我們只要仔細回想一下，這樣的答案是誰提供的？如果這樣的答案是醫生提供的，那麼我們會認為這樣的答案是真實的。不過，現在的答案並不是醫生提供的，而是殯葬業者提供的。這時，這樣的答案有人會認為是真實的嗎？畢竟殯葬業者不是醫生，醫生也不可能白目到說出這樣違反事實的話來。所以，殯葬業者等於說了一個沒有立場說的話。這麼一來，這樣的話連主觀的安慰效用都不見了，剩下的就是為了賺錢而說出的一些連自己都很難相信的話。說真的，這樣說的結果實在很難為自己加分。

雖然我們對於殯葬業者所說的話給予如此嚴厲的批評，但是這樣的說法並不只繼續流傳於醫院接體的過程，甚至於連通知殯葬業者接體的護理人員也跟著起而效法，認為這樣的說法是合宜的。那麼，為什麼護理人員會跟著採取這樣的說法呢？最主要的理由是，一般的護理人員在養成教育中並沒有提供這一方面的教育。因此，一旦在醫院遭遇這樣的問題，在不知如何處理的情況下，只好借用殯葬業者的處理方式處理。同時，在缺乏深思熟慮的情況下，認為這樣的處理方式是合乎人性的需求。

只是護理人員忘記了，照顧病人的人是醫護人員，讓病人死亡的也是醫護人員。如果護理人員真的採取這種說法，萬一家屬問及病好了的意思，那麼護理人員不就陷自己於困境之中。由此可見，聰明的作法就是不要再用這樣的說法來安慰家屬與亡者。否則，家屬與亡者會不會誤以為醫護人員的照顧是不專業的？當照顧成功時，他們就會讓我們真實地活著出院。如果照顧失敗了，他們就會編一套謊言讓我們誤以為自己可以活著出院。

如果上述殯葬業者的說法是不可行的，那麼我們就會提出一個疑問，就是到底還有什麼說法是可行的？對我們而言，要提出可行的說法的確沒有問題，這就讓我們進入第三個解決的方法，也就是殯葬臨終關懷的解決方法。問題是，在提出這個說法之前，我們需要重新省思有關病死的說法。

一般而言，我們都知道如果不是醫藥罔效，病人是不會死的。可是，一旦病人病入膏肓，醫生就沒有能力再處理了。這個時候，病人只有進入死亡的狀態。但是，一般人在遭遇這樣的問題時，就只是乖乖地接受這樣的事實，從來沒有想過這樣的事實究竟隱藏了什麼樣的生死意義。對我們而言，事實不僅是事實，事實應該還有其他的含義。就病人的死亡而言，死亡固然是一件令人悲傷的事情，但是死亡並不一定會帶來悲劇的延續。今天，死亡之所以會帶來悲劇的延續，是因為我們沒有弄清楚死亡對疾病的意義。如果我們可以弄清楚死亡對疾病的意義，那麼疾病對我們生死的衝擊就可以降到最低。所以，把死亡對疾病的意義弄清楚是很重要的。

過去，我們認為死亡的發生只是疾病作用到最後的結果。可是，疾病對我們的影響卻沒有停留在死亡當中。相反地，疾病對我們的影響穿過了死亡，一直延續到死後的生命。因此，疾病雖然已經導致我們的死亡，但是疾病的陰影依舊存在在我們死後的生命上。對家屬而言，這樣的負面影響是一個需要徹底解決的問題。如果我們不去化解這個問題，那麼不僅亡者不可能有一個好的去處，未來也不會有能力庇佑我們。所以，站在利人利己的立場上，我們需要利用一些方法來改變亡者死後的際遇。

一般來說，這些方法主要指的是與佛教和道教有關的藥懺法事。在做藥懺的過程中，佛教會藉著藥師如來佛的醫療佛力，幫助亡者化解身上已有的疾病；同樣地，道教就會藉著救苦天尊的醫療法力，幫助亡者化解身上已有的疾病。經過這樣的藥懺法事之後，家屬就會認為亡者的疾病已經得到化解，那麼隨著疾病所產生的惡報也會跟著消失。這時，亡者的死後生命就可以有一個新的轉機，不會再受制於疾病所代表的懲罰。為了強化家屬的信心，在儀式結束之後，最後主其事者還要象徵性地砸破藥罐子，告訴家屬亡者從此不用再吃藥了。就是這種完整的處理，讓家屬認為亡者的疾病真的隨著儀式的完成、藥罐子的砸破得到化解。

問題是，實際的情形究竟如何？說真的，我們完全不清楚。因為，從來沒有人回來告訴我們真正的答案。就算真的有人回來告訴我們答案，我們也不知道這樣的答案只是特例，還是普遍的結果。因此，我們需要重新思考這樣的問題。就我們的瞭解，上述的解決方法不是完全沒有意義的。只是真要解決這樣的問題，我們還是需要回到死亡對疾病意義的思考上。

對我們而言，死亡不只是疾病所導致的結果。實際上，死亡還代表疾病的終結。為什麼我們會這麼說呢？這是因為死亡讓疾病不再產生作用。今天，如果沒有死亡作為一個關卡，那麼疾病就會繼續滲透到我們死後的生命，繼續影響我們的生命。可是，現在死亡出現了，斬斷了疾病和我們死後生命的關係。這麼一來，疾病在我們死後就無法再繼續影響我們。

照理來講，這樣的結果會讓我們不用再擔心死後生命的際遇。但是，家屬為什麼還是擔心呢？其實，我們只要深深細究，就會發現家屬的擔心是屬於一種自然的聯想，認為一個人病了如此之久，一旦死亡就會繼續受困於同樣的疾病中。如果我們沒有進一步的化解，那麼亡者就會一直受困於這樣的疾病中。所以，為了化解這樣的死後困擾，我們還是需要處理這樣的問題。

那麼，我們要怎麼解決呢？針對第一個部分，我們認為疾病既然只是生理的疾病，那麼一旦死亡來臨，這個疾病也就跟著失去了作用，不再對我們的生命產生影響。所以，我們不再否認疾病確實為病人帶來了死亡。我們否認的是，「病好了」的虛偽說法。只要我們承認疾病的確為病人帶來了死亡，就可以說疾病不再有能力影響病人的生命，至此疾病對病人就不再產生作用。換句話說，疾病就不再有作用了，簡稱「疾病沒有了」。對殯葬臨終關懷而言，我們的說法不但是一種真實的說法，也是一種解消問題的說法，讓亡者不再受困於疾病的困擾。

針對第二個部分，我們認為死後生命之所以繼續受到疾病的困擾，不是因為疾病真的可以進入我們的死後生命當中，而是我們的死後生命受到過去疾病的影響，誤以為自己還處於疾病當中。實際上，這種念頭的執著是來自於亡者的不自覺。因此，如何喚醒亡者的自覺，讓亡者覺察出自己的繼續有病是來自於自己的過度執著，是我們很重要的責任。問題是，我們要如何喚醒亡者呢？根據一般的說法，亡者的執著是很深的，單單靠他自己是很難改變的。

所以，亡者需要我們的幫助。只是現在幫助的方式不能再像過去那樣，完全交給宗教人士處理。

我們這麼說的用意，不是說宗教人士有什麼不好，而是認為單獨由宗教人士處置的結果可能效果不盡如人意。為什麼我們會這麼說呢？只要我們瞭解其中緣由就會清楚。對亡者而言，他本身絕對不是完美的。但是，現在來幫助他的，卻是完美化身的宗教人士。在這種情況下，一個代表某種程度的黑暗，一個代表完全的光明，這兩者無論如何都很難結合在一起。既然如此，在無法在一起的情況下，宗教人士如何藉著法的作用去幫助亡者呢？

為了落實這樣的幫助，我們需要重新思考可行的作法。這種作法就是，不要再從宗教人士本身著手，而改從家屬本身著手。雖然家屬不見得懂得如何化解亡者的問題，但是家屬卻有能力獲得亡者的信任。一旦亡者信任了家屬，那麼家屬就有機會將解決問題的方法傳遞給亡者，亡者就有機會獲得解脫。在這裡，我們就會發現宗教人士的角色不再是個執行者，而是指導者與監督者。他們不單要教導家屬如何與亡者溝通開導亡者，還要教導家屬如何誦經，甚至於讓家屬清楚如何確認整個儀式的效果。唯有經過宗教人士與家屬的配合，亡者的問題才能獲得徹底的解決。以下，我們對於這種新的作法再給予一個簡明的敘述：

第一、在病人臨終時，我們要讓臨終者清楚他的疾病的變化，不是一般殯葬業者所說的「病好了」，而是「病沒有了」。

第二、在病人死後，如果我們擔心病人死後的生命會受到疾病的困擾，那麼就需要採取做藥懺的方法。不過，要注意的是，這時所做的藥懺方式和過去不同。過去，我們一切交給宗教人士來處理，最後以砸破藥罐子作為整個儀式的完成。問題是，這樣做的結果到底有沒有實際的效果，我們很難給一個確切的答案。因此，為了讓整個儀式的效果可以凸顯出來，我們提供另一種作法，就是不再以宗教人士作為執行儀式的主角，而改由家屬作為執行儀式的主角，以便於亡者的接納。

這種改變的內容就是，先由宗教人士與家屬溝通，看亡者最喜歡哪一部經；而由宗教人士將經文的內容與意義解釋給家屬明白；再由宗教人士教導家屬如何虔誠地誦這一部經；接著由宗教人士告訴家屬如何開示亡者，讓亡者能夠放棄自己的執著；然後由家屬親自執行開示與誦經的程序；最後，則由家屬擲筊確認亡者是否已經進入我們希望他進入的解脫境界。

第二節　由醫院返家臨終的應對方法

經過上述有關因病臨終問題的探討，我們確知有很多人是在醫院臨終的。不過，這並不表示所有的人都在醫院臨終。實際上，還有一些人是回家臨終的。那麼，為什麼會出現這樣的差異性呢？

根據我們的瞭解，理由有下述幾點：

第一點、有許多病人的家屬認為醫院的設備較好、醫療照顧較佳，如果擅自回家養病，那麼受到家在照顧方面種種條件上的限制，對病人可能較為不好。

第二點、有許多病人的家屬認為病人既然已經進入臨終狀態，如果貿然回家，那麼對病人本身會是一種身心上強烈的折磨，對孝順的家屬而言，是會於心不忍的。

第三點、有許多病人的家屬基於死亡禁忌的束縛，認為病人如果回家臨終，那麼會讓家裡面的人陷入死亡的恐慌之中，所以不宜讓病人回家臨終。

除了上述這種認為病人回家臨終不是很合適的作法之外，我們發現還有另外一種認為病人回家臨終是很合宜的作法。對於這種人而言，他們認為病人需要回家臨終的理由也有幾點：

第一點、家本來就是我們生長的地方，也是我們臨終的地方，現在既然醫藥罔效，那麼我們就不應該讓病人在醫院臨終，而要讓病人返回家中臨終，這樣病人才能走得比較安心，我們也才能送得比較安心。

第二點、一個人想要在家臨終，這是病人的願望，我們不能用任何理由去否決這樣的決定，否則病人沒有辦法達成他的願望，那麼他就會走得遺憾，這樣的結果會讓病人無法善終，所以站在要求善終的立場上，我們需要讓病人回家臨終。

第三點、就傳統禮俗的規定，一個人如果想要善終，那麼他必須壽終正寢，可是在醫院臨終不能算是壽終正寢，因此站在壽終正寢的考量上，我們需要讓病人回家臨終，這樣病人才有善終的可能，否則在醫院臨終，無論臨終得有多好，病人都不能算是善終。

通過上述的對照，我們很清楚在醫院臨終與從醫院返家臨終理由上的不同。現在，我們進一步探討從醫院返家臨終的可能情形。表面看來，從醫院返家臨終情況應該都是一樣。實際上，裡面情況卻大有不同。有的人的確很幸運，當他決定從醫院返家臨終時，他還有充分的時間可以回到家中俟終。可是，不是所有的人都是這麼幸運的。有的人就較為不幸，雖然他已經決定從醫院返家俟終，但是可能受到家屬阻撓，或是受到自己決定太晚的影響，最終沒有回到家中就去世了。

對於這樣的病人，他的回家俟終可能就會出現一些較為複雜的問題，沒有前者來得那麼順利。因為，對前者而言，他的回家俟終是活著進入家門的。對於後者回家俟終，他的回家就是死後才進家門的。站在死亡禁忌的立場，病人活著進家門不會有問題，但是死了才進家門是有問題的，可能會將死亡的不幸再帶進家中[5]。所以，為了避免將死亡帶進家門，傳統禮俗特別規定人死後是不可以進家門的。如果真的按照這個規矩執行，那麼在醫院返家途中死亡的病人就沒有機會回到家中，他們希望在家裡壽終正寢的願望就完全沒有實現的可能。為了協助他們，讓他們有機會返家俟終，我們就必須有一些變通的方法，讓「冷屍不入莊」的禮俗禁忌能夠得到化解。

那麼，我們有什麼樣的變通方法可以讓死亡的病人回家呢？一般而言，這樣的作法可以有兩種：第一種就是當救護車抵達家門時，在家門口虛晃一招，讓病人誤以為已經回到家中，來了卻病人回家的心願；第二種就是當救護車抵達家門以後，由家裡的人在家門口接應，裝作病人還沒有死亡，讓病人真的進到家中，完成病人回家的心願。以下，我們分別予以進一步的討論。

就第一種作法而言，這種作法雖然讓病人回到家門口，但是並沒有真的進入家中。所以，這種作法基本上還是一種欺騙的行為。不過，殯葬業者之所以採取這樣的作法，是有其特殊的考量。例如有的病人家裡是在大樓或公寓當中。這時，如果我們貿然讓病人進入家中，那麼除了運送遺體的問題需要解決外，還要解決左鄰右舍對於死亡禁忌的問題。因此，為了避免上述的困擾，殯葬業者只好虛晃一招，讓病人誤以為已經回家了卻心願。

問題是，這樣的作法畢竟還是一種欺騙。除非病人死後無知，否則這種虛晃一招的作法應該很難讓病人相信。既然我們都知道病人不見得會相信，那麼是否需要大費周章地演出這場戲？倒不如直接告訴病人，讓病人清楚這樣做的難處，主動放棄回家的要求，或許還較為可行。如果病人堅持一定要回家，那麼我們在抵達家門口之後，就必須有另外一套應變措施，不能只是在家門口虛晃一招，就自認已經完成病人的心願。就殯葬服務的責任而言，這種虛晃一招的作法其實是有傷我們服務的信譽。

如果虛晃一招是不可行的，那麼要怎麼做才能讓病人進入家門呢？對殯葬業者而言，想要讓病人進入家門還有另外一套解決的方法。這一套方法就是，當病人在返家途中已經死亡時，隨車的護理人員就會假裝病人還沒有死亡，繼續利用呼吸器讓病人呼吸，等到救護車抵達家門後，就會通知家中的家屬，讓他們到門口做準備，告訴病人已經到家的事實。這時，家中的人就必須說一些相應的話，如「爸爸！辛苦了！進來喝口茶！歇一會兒」，來證實病人還活著[6]。這樣子，病人就可以順利地進入家中，了卻回家的心願。

初步來看，這樣的作為確實較上一種作法高明許多。但是，高明歸高明，這樣的作法在本質上其實和前一種作法差不多，都是建立在欺騙的基礎上。為什麼我們會這麼說呢？這是因為病人的死亡是一個事實。現在，我們借助呼吸器的幫助，假裝病人還沒有死亡，讓病人可以避開「冷屍不入莊」的禮俗禁忌，順利進入家中。可是，這樣做的結果並沒有辦法改變病人死亡的事實。所以，就算我們努力設法避開死亡的事實，但是我們還是無法逃離自欺欺人的陷阱。

這麼說來，這樣的作為看起來不就完全沒有意義了嗎？說真的，其實也不見得如此。因為，對殯葬業者而言，如何協助病人完成回家的心願是最重要的。更何況，這個心願的完成還不只是一般心願的完成，而是善終要求的完成。因此，我們怎麼可以任意說這樣的作為完全沒有意義呢？不過，有意義是一回事，這樣的意義是否真的能夠圓滿實現，則是另外一回事。對病人而言，回家心願的達成固然很重要，善終要求的實現更是重要。如果回家心願達成了，而善終要求沒有實現，那麼這樣的心願達成就沒有意義。為了讓心願的達成有意義，我們需要進一步檢視這樣的達成有沒有實現善終的要求。

根據我們的瞭解，這樣的心願達成並沒有實現善終的要求。為什麼我們會有這樣的判斷呢？說真的，理由非常清楚。因為，欺騙除了可以讓相信的人相信以外，其實並沒有其他的作用。如果我們根本就不相信，那麼這樣的欺騙就不會產生效果。

就我們的瞭解來看，上述的欺騙方式對於病人並沒有產生效果。實際上，病人非常清楚自己已經死亡的事實。同樣地，對於別人也是一樣。雖然左鄰右舍的人沒有說些什麼，但是他們內心是很清楚的，只是不方便再說些什麼。至於祖先與神明的部分，情況更是如此。如果我們連活人都騙不了，請問我們如何騙得了祖先與神明呢？倘若祖先與神明這麼容易就被我們騙了，那麼我們還會相信祂們具有庇佑我們的能力嗎？

由此可見，我們能騙的只是自己，對其他人就沒有用了。這樣說來，我們的欺騙方式不就是自欺欺人嗎？既然是自欺欺人，當然就沒有辦法完成病人所要求的善終。

那麼，我們要怎麼做才能幫助病人完成善終的心願？對我們而言，首先就是要將我們自己所製造的人為障礙加以排除。倘若我們沒有排除這樣的人為障礙，那麼病人就沒有辦法正常地回到家中。

也就是說，病人沒有辦法像活著時那樣光明正大地回家，而只能偷偷地回家。如果病人只能偷偷地回家，那就表示病人的回家不是這麼的正當。如此一來，在缺乏正當性的支持下，病人就很難說服別人相信他的回家是可以獲得善終的。所以，為了讓病人有機會可以獲得善終，我們需要先排除上述欺騙方式所帶來的人為障礙。

其次，我們還需要進一步提出新的作法，解決病人善終要求的問題。因為，按照舊的作法，我們需要透過裡應外合的方式來欺騙所有的人與神，以便病人有機會可以順利回到家中。經過上述的反省，我們知道欺騙的方式是行不通的。那麼，我們要怎麼做才能既不欺騙人與神，又能順利地讓病人回返家中呢？

根據我們的瞭解，如果我們想要做到這一點，就必須從舊的作法為什麼要採取欺騙的方式談起。舊的作法之所以要採取欺騙的方式，是因為他們希望避開「冷屍不入莊」的禮俗禁忌。換個說法來看，就是所謂的死人不進家門。為什麼傳統禮俗會禁止死人進家門呢？最主要的理由是，如果讓死人進家門，那就表示死亡也會跟著進家門。可是，對喪家來講，家裡死了一個人已經夠不幸了，倘若再讓死亡進入家中，不就表示家裡還要死更多人嗎？因此，站在保護家屬的立場，傳統禮俗才會禁止死人進入家門。

不過，不想讓家裡再發生死亡的悲劇是一回事，病人是否可以進家門則是另外一回事。因為，如果我們不准病人進家門，那麼病人不就失去了善終的機會。這樣看來，病人不是一樣很可憐嗎？對於祖先與神明而言，這樣的結果應該不是祂們所樂見的吧？既然如此，站在庇佑家人的角度，無論是活人或死人，祂們應該都希望能夠成全所有的家人才是。

從這個角度切進去，我們就會發現祖先與神明之所以拒絕死人進家門，其實不是拒絕我們的家人，而是拒絕不是家人的外人。對祂們而言，家人是祂們庇佑的對象，所以沒有什麼好拒絕的。相反地，外人是會傷害家人的，所以祂們需要加以拒絕。否則，祂們就沒有善盡庇佑的責任。由此可見，病人即使死了，也不用擔心祖先與神明不讓他進家門。這麼一來，我們自然就不需要再用過去的方式來欺騙祖先與神明了。

既然病人可以正常地進入家門，那麼我們是否只要讓病人直接進家門就可以了呢？對我們而言，事情並沒有那麼簡單。因為，病人進家門的狀況和過去不同。過去，病人進家門是以活人的身分進入，而現在病人進家門，則是以死人的身分進入。當病人以活人的身分進入時，並不需要特別稟報祖先與神明。畢竟這種進入，只是一種正常性的進入。可是，當病人以死人的身分進入時，就需要特別稟報祖先與神明。這是因為病人的進入，不再是一種正常性的進入，而是異常的進入。由於異常的關係，所以我們需要將這種異常的現象稟報給祖先與神明知道，請求祂們協助病人處理死亡的問題。就是這種協助的要求，讓我們不得不透過一些相應的儀式來滿足這樣的要求。

那麼，這樣的儀式是什麼樣的儀式呢？根據我們的瞭解，這樣的儀式需要滿足下列幾項要求：第一、要讓祖先與神明知道病人已經死亡；第二、要請求祖先與神明讓病人可以順利進入家中；第三、要請求祖先與神明繼續引領病人去到病人想去的地方。以下，我們給予進一步的說明。

就第一點而言，雖然祖先與神明早已知道病人死亡的事情，但是站在被庇佑對象的立場，我們還是需要稟報祖先與神明病人死亡的事實。這樣做的結果，我們才能充分表達我們對祖先與神明的敬意。從這一點來看，我們也才能瞭解為什麼古代人在面對這些人生大事時，會有向祖先與神明稟報的作法出現。

就第二點而言，我們固然知道祖先與神明會讓病人順利進入家中，可是基於病人存在狀態的改變，從活著變成死亡，我們還是需要事先稟報祖先與神明，經過祂們的同意，我們再讓病人進入家門會較恰當。萬一祖先與神明有意見，由於我們事先已經稟報過了，病人就可以在最合適的時機進入家中，而不會出現流離失所的問題。

就第三點而言，由於病人從來都沒有死過，就算他想去到他想去的地方，但是受限於自己的經驗與認知，可能無法順利前往。這時，病人就需要祖先與神明的引領。因為，祂們畢竟較有經驗，也有能力，可以引領病人去到他想去的地方。所以，在這種情況下，我們需要請求祂們的引領，讓病人可以順利去到他想去的地方。否則，在沒有祂們引領的情況下，病人可能無法順利前往他想去的地方，甚至於變成孤魂野鬼。

根據上述的三項要求，我們可以將儀式的相關內容設計如下：

第一、當病人剛剛返抵家門口時，我們需要先告知病人家門已到，請他務必跟著我們。

第二、再由家裡的人向祖先與神明稟報病人已經死亡的事情。

第三、在稟報病人死亡的事情之後，家裡的人還要進一步代病人向祖先與神明道謝，感謝祂們對病人這一生的庇佑，讓病人可以平安地活到現在。此外，家裡的人還要請求祖先與神明繼續引領病人，讓病人死後的靈魂可以順利地去向他想去的地方。

第四、在感謝與請求之後，我們需要進一步確認祖先與神明的意旨，是否同意讓病人順利進入家門。所以，我們還需要擲筊確認祖先與神明的意向，以及病人進入家門的時機。

第五、在徵得祖先與神明的同意後，我們一方面要讓病人知道祖先與神明已經首肯讓他進入家門，一方面請病人自己一定要跟隨祖先與神明的腳步前往他想去的地方。千萬不要自作主張，到處亂闖，以免變成孤魂野鬼，讓我們擔心。

第六、最後，我們才將病人迎進家門，讓病人有機會獲得善終，完成整個儀式的執行。

第三節 一般臨終的應對方法

對我們而言，臨終的問題有很多，除了上述兩種狀況外，還有一般臨終的問題。關於這個問題，我們將焦點集中在兩個部分：第一個部分是大家關心的善終問題；第二個部分是人剛死亡時禮俗與宗教的衝突。

就第一個部分而言，我們對於善終的認識通常都停留在形式的層面，以至於誤以為只要達成這樣的要求就可以獲得善終。但是，這樣的認知是對的嗎？對我們而言，這樣的判斷是需要經過進一步檢查的。那麼，我們要怎麼檢查這樣的判斷呢？

一般而言，要檢查這樣的判斷當然從這樣的形式規定著手。根據傳統禮俗的說法，一般人如果要獲得善終，那麼他必須滿足的善終條件就是壽終正寢。所謂的壽終正寢，其實也有很明確的規定。其中，所謂的壽終指的是人要活到六十歲才可以。如果人沒有活到六十歲就死了，那麼他就不能被稱為壽終。至於正寢，指的就是死於家中的正廳。如果一個人不是死於家中的正廳，而是死於其他地方或不在家中，那麼他就不能說是正寢。由此可見，一個人如果要善終，那麼他必須同時滿足壽終與正寢這兩個條件。

這麼說來，一個人只要同時滿足這兩個條件，那麼他就算善終了。表面看來，答案似乎如此。因為，如果我們不相信這樣的標準，那麼就沒有其他標準了。畢竟我們都沒有死過，凡是死過的人也都沒有回來告訴我們這樣的善終標準是否有問題，所以我們只好相信這樣的標準。既然如此，我們似乎只好乖乖地接受這樣的答案。問題是，就算這樣的答案是對的，也不表示我們只能根據過去的理解來接受這個答案。實際上，只要我們多花點心思去想，就會發現這個答案其實可以有不同的理解。

首先，就壽終的觀念來看，過去之所以用六十歲作為壽終的標準，是因為過去對於壽終有一套說法。這套說法不是人為任意編出來的，而是有一定的依據，這個依據就是天地運行的標準。對古人而言，我們是天地的產物。因此，人的生死都和天地有關。那麼，我們怎麼知道人要活到什麼時候死了才是正常的？為了確認這個答案，古人就從天地的運行當中尋找答案。最後，他們在天干地支的循環當中找到了答案。發現天地運行一周，剛好是天干地支循環一次，也就是六十年一甲子。這就是古人會以六十歲作為壽終標準的理由。

基於這樣的理由，古人認為他們已經找到了客觀的標準。可是，他們忘了，這樣的標準其實並沒有那麼客觀。實際上，這樣的標準只是古人主觀開發出來的計時標準。換句話說，這樣的標準只是一種人為的產物，而不是客觀的存在。既然如此，這就表示這樣的標準有改變的可能。因為，對於不同時代的人，隨著時代認知的不同，當然就會出現不同的標準。所以，到了今天，基於時代背景的不同，我們當然可以有不同的標準。

那麼，這個標準可以做什麼樣的調整？根據我們現代的認知，如果古代人是以天干地支作為判斷壽終的標準，那麼我們今天的標準就要從天干地支移轉到人類本身，也就是人類的平均壽命。這麼一來，一個人是否壽終就不能再以六十歲作為標準，而要改以平均壽命作為標準。例如今天台灣的男性平均壽命約七十八歲，而女性平均壽命約八十二歲，那麼一個人只要活到這樣的平均歲數，就可以說是善終。相反地，一個人如果沒有活到這樣的歲數，那麼他就不能說是善終。根據這樣的標準來看，古人的壽終說法就會有問題。因為，他們的壽終標準只有六十歲，而我們的平均壽命是七十八歲與八十二歲。嚴格說來，他們根本就沒有資格說是壽終。

這樣說的結果，是否表示我們的壽終標準才是客觀的標準？實際上，我們再深入反省，就會發現情形不是如此。因為，如果古人以當時的計時觀念作為標準來規範壽終的標準是主觀的，那麼我們今天用人類平均壽命作為標準來規範壽終的標準也是主觀的。何況，我們還發現到一個有趣的現象，就是人類平均壽命不是固定的，而是變動的。這種變動的情況就告訴我們，所謂壽終的客觀標準根本就不存在，存在的只有主觀的標準。

既然標準是主觀的，那麼我們就要進一步追問這個標準是由誰來定的？如果是社會，那麼我們就要繼續追問是社會的誰？如果是個人，那麼我們一樣要繼續追問是哪一個個人？從這樣的追問當中，我們發現最後決定的標準不是別的，而是個人自己。今天，如果我們不同意接受這樣的標準，那麼這樣的標準自然就會失去作用。相反地，如果我們同意接受這樣的標準，那麼這樣的標準自然就可以產生作用。所以，決定一個人是否壽終的標準不是別人而是自己。

經過上述的反省，我們已經非常清楚所謂的壽終不像過去想像的那樣，只是一個與我們自己無關的客觀規定，而是一個和我們自己有關的主觀規定。既然這樣的規定和我們自己有關，我們就不用再在意社會的判斷，而要回歸自己，實實在在地問問自己，這樣的壽終自己是否滿意？如果滿意，那就表示這樣的壽終是自己可以接受的，也就表示自己已經得到善終。相反地，如果不滿意，那就表示這樣的壽終不是自己可以接受的，也就表示自己沒有善終。

其次，就正寢的觀念來看，過去之所以用家中的正廳作為正寢的標準，是因為過去對於正寢有一套說法。這套說法就像壽終的說法一樣，也不是任意編出來的，而有一定的依據，這個依據就是社會的存在狀態。

對古人而言，人要好好地活著，不是只有自己就夠了，還需要他人的支持。這個他人的支持，最具體的說法就是家。有了這個家，人不但可以安心地活著，也可以努力地發展自己。當人要死的時候，他不用擔心他一生的努力白費了，因為他有一個家可以繼承他的遺志。因此只要有這個家存在，他的生與死就沒有問題了。

可是，一個人如果沒有了家，那麼他就活得很悲慘。無論是生或者死，都沒有一個可以庇護他的地方。所以，對古人而言，一個人能夠死於家中是幸福的，不能死於家中是不幸的。換句話說，死於家中是被祝福的，不能死於家中是被詛咒的。

這麼說來，一個人只要死於家中就夠了嗎？對古人而言，這樣的死亡方式還不夠。因為，家中有很多個地點，並不是任何一個地點都可以當作死亡的地點。實際上，能夠當成死亡的地點只有一個，就是正寢的地方。為什麼不是睡覺的地方？這是因為睡覺的地方只是用來睡覺的，而不是用來死亡的。如果我們任意把睡覺地方當成死亡地方來用，那麼就會破壞各個地方既有的功能，沒有辦法好好實現各個地方既有的功能。因此，站在功能分工的立場，睡覺的地方只能當成睡覺來用，死亡的地方才能用來死亡。

除此之外，正寢的地方還是祖先與神明所在的地方。對古人而言，這樣的地方是最神聖的。由於這個地方的神聖性，所以我們在這裡處理家中的大事，像是生與死的事情。因為，當我們在處理這些事情時，不僅是我們在處理，祖先與神明也在幫我們做見證，表示一切處理都是客觀公正，可以對得起自己的道德良心。就是這樣的見證作用，當我們死的時候，古人就選擇這樣的地方當作我們臨終的地方。

在瞭解正寢意義的由來之後，我們發現現代的建築不同於以往，有的不再有過去那種正寢的存在。例如大樓與公寓雖然有客廳的設置，但是不見得具有正寢的功能。同樣地，就算是透天厝的房子，固然有正寢的存在，可是不在一樓[7]。因此，過去的正寢似乎在建築設計改變之後就隨之消失無蹤。那麼，在沒有正寢的情況下，臨終者是否就沒有機會正寢了呢？如果真是這樣，這不就表示現代的臨終者都沒有善終的可能？

為了重新找到臨終者獲得善終的機會，我們需要更深入地瞭解正寢的意義。從前面的探討來看，正寢的意思是要臨終者在祖先與神明見證的情況下死亡。這麼一來，臨終者在走的時候，就表示他走得對得起自己、對得起社會、對得起祖先與神明。換句話說，他走得很光明磊落，很道德。既然整個走的重心都放在道德上面，那就表示無論祖先與神明在不在現場，我們只要走得夠道德，這樣的走都是一種善終。由此可見，人有沒有在正寢臨終根本不是重點，有沒有達成道德的要求才是重點。

基於這樣的瞭解，我們對於正寢臨終的要求就可以有所調整。雖然現在的建築不再像過去那樣有正寢的設置，即使有也不具有過去的功能，但是在正寢意義新的理解下，無論我們在何處臨終，甚至於在醫院臨終，只要我們臨終得很道德，這樣的臨終都可以算是善終。

透過上述對於壽終與正寢的重新詮釋，我們知道一個人是否善終，重點不在他是否在家臨終，而在他臨終的狀態。如果他臨終的時候，雖然在家臨終，也臨終得完全符合壽終正寢的要求，但是卻沒有達成道德的要求，那麼這樣的臨終就不能說是善終。相反地，如果他臨終的時候，雖然沒有在家臨終，也沒有符合壽終正寢的要求，但是他做到了道德的要求，那麼這樣的臨終就可以說是善終了。

這麼說來，我們只要滿足道德的要求就可以了，至於過去有關善終的形式要求就不用管它了[8]。表面看來，確實是如此。可是，我們要如何證實自己真的已經達到道德的要求了呢？對我們而言，這是需要透過一些儀式的內容來印證的。唯有透過這些儀式的內容，我們才能說臨終者已經獲得善終。關於這些儀式的內容，我們可以敘述如下：

第一、當我們進入臨終的時候，我們需要先告訴自己死亡將至的事實，讓自己調整到臨終的狀態。

第二、在死亡來臨時，我們需要問問自己，自己這一生過得如何？是否值得？

第三、如果自己認為不值得，那麼就要先檢討自己，看哪裡出了問題？如果自己認為值得，那麼就要看清楚哪裡值得？

第四、接著，無論祖先或神明有沒有在眼前，我們都要用心觀想祖先與神明，彷彿祂們就在眼前。

第五、當祖先與神明出現在自己眼前，我們要將自己這一生值不值得的想法告訴祂們。如果不值得，那麼要請求祂們的寬恕，希望祂們可以接納我們。如果值得，那麼要請求祂們肯定我們，並接納我們。

第六、在祖先與神明同意接納之後，我們要進一步請求祂們繼續庇佑我們的家人，並引領我們前往另外一個世界。

第六、最後，再次感謝祖先與神明的庇佑與協助。

就第二個部分而言，我們常常受制於禮俗或宗教的規定，一旦這些規定有衝突，我們常常陷入兩難的境地。例如禮俗認為我們在親人死亡時應該要痛哭才對，如果不痛哭，那就是不孝。假使我們痛哭了，那就表示我們真的很孝順。可是，這樣的規定和佛教的規定不合。對佛教而言，一個人如果真的孝順，那麼他在親人死亡時就不可以哭泣。假使他控制不住哭泣了，那麼他的親人就會受到干擾，誤以為不希望他離去。於是，親人的往生就會不順利。對於這種狀況的發生，佛教認為這樣才是真的不孝順。從這裡可知，對禮俗而言，哭泣才是孝順的表達；對佛教而言，不哭才是孝順的表達；禮俗認為孝順的，佛教認為不孝順；佛教認為孝順的，禮俗認為不孝順。那麼，在禮俗與宗教衝突的情況下，我們要怎麼做才算是孝順呢？

一般而言，面對這樣的衝突可以有不同的解決辦法：第一種就是各行其是，讓想要遵從禮俗的家屬遵從禮俗，想要遵從宗教的家屬遵從宗教；第二種就是放棄其中一種，選擇另外一種，如果家屬選擇禮俗，那麼就放棄宗教，如果選擇宗教，那麼就放棄禮俗；第三種就是從禮俗與宗教的衝突中尋找可能的解決之道，這時禮俗和宗教是否真的衝突就不重要，重要的是，家屬如何才能人性地表達自己的孝順。以下，我們給予進一步的說明。

就第一種解決的辦法來看，我們認為這種作法似乎不太可行。之所以不可行，有兩方面的理由可說：第一個理由是，在臨床上我們幾乎看不到這樣的作為；第二個理由是，在親人去世時，家屬的反應幾乎都是一致的，很難看到不同的情形出現。

就第二種解決的辦法來看，這種作法就比較常見。一般的情形是，選擇放棄禮俗而遵從宗教的規定。換句話說，就是以不哭取代哭。為什麼家屬會做這樣的選擇？理由很簡單。因為，他們擔心如果哭泣的話，那麼親人會捨不得離開，這時就會影響親人投胎轉世的時間，讓親人沒有好的下一輩子。因此，為了不影響親人的下一輩子，他們只好選擇宗教的作法。至於禮俗的作法，雖然也是一種表達孝順的方法，但是只限於親人剛死的狀態，並不會影響到下一輩子。所以，在這種影響層面大小的判斷下，家屬認為與其選擇禮俗，不如選擇宗教。

問題是，親人死亡時哭，似乎是我們的正常反應。如果這時不哭，那麼可能反而會傷身。站在悲傷輔導的立場，這種想哭而不能哭的作為，似乎不太符合人性本身的自然反應[9]。雖然佛教的說法也很有道理，親人在聽到我們的哭聲時，的確會有捨不得離開的反應，但是捨不得離開是一回事，是否真的不會離開則是另外一回事。因此，我們對於這樣的衝突似乎應該做更深層的反省才是。

就是這種反省的呼聲，讓我們進入第三種解決的辦法。從目前的情況來看，一般人很難想到這種解決的辦法。因為，他們基本上認為這樣的衝突是很難化解的。如果真的要解決，最好的方式還是兩個選一個，這樣會比較好處理。可是，好處理是一回事，是否真的處理好則是另外一回事。根據我們的瞭解，上述的第二種處理方式是有問題的。

那麼，這種處理方式的問題出在哪裡？我們第一個想到的問題是，為什麼佛教會認為家屬哭了以後，親人就會捨不得離開？萬一親人比較希望聽到家屬的哭聲，而親人沒有哭，那麼這時親人是否才真的很難離開呢？由此可知，佛教只知從某一種經驗出發，而忘記了另外一種經驗的可能。實際上，如果今天是佛陀在世，那麼祂應該不會給予這麼呆板的規定，而會按照不同情況做不同的處置。

我們第二個想到的問題是，為什麼禮俗會認為家屬哭了以後，親人就會覺得家屬很孝順？萬一家屬沒有哭，那麼親人就會認為他們不孝順了嗎？其實，情況也不見得如此。如果孔子在世，那麼他也會根據各種情況來判斷，絕對不會只從表面來決定。

我們第三個想到的問題是，為什麼在決定要不要哭之前，我們似乎都沒有與親人溝通過，彷彿親人應該知道我們的決定？嚴格來說，親人死的時候我們究竟要不要哭，其實是需要詢問親人的。如果親人需要我們哭，那麼我們就哭給親人看。這麼一來，親人在知道我們的孝順後，就可以很欣慰的離開。如果親人不需要我們哭，那麼我們就不要哭。這時，親人知道我們很孝順，也可以很欣慰的離開。所以，要不要哭不是由我們自己決定的，而是要看親人的需要而定。

根據上述的反省，我們知道親人死後我們要不要哭，不是一個簡單的問題，不能完全由我們自己決定。如果我們真的想知道哭好還是不哭好，就不能完全按照禮俗或宗教的規定，而需要回到親人本身。唯有親人本身的需求，才能決定我們到底是哭好還是不哭好。因此，在我們決定要不要哭之前，我們需要先瞭解親人的想法。關於這個問題，我們可以有兩種處理方法：第一種就是在親人臨終之前事先問好他的想法；第二種就是在親人臨終以後再問他的想法。

就第一種方法而言，這種方法較為容易。因為，這時親人還沒有死亡，我們可以明白瞭解親人的想法。不過，這種方法還是有一些困擾存在。例如親人還沒有意識到自己死亡的問題，這時去問可能就會被認為是觸霉頭。就算親人已經自覺到自己的死亡將至，但是因為從來沒有想過這樣的問題，可能一時之間也無法回答，或回答得不真切。

就第二種方法而言，這種方法較困難。因為，這時親人已經死亡，我們想要問也沒有辦法直接問，只能間接從擲筊過程中獲得一些訊息。因此，這時所獲得的訊息究竟是親人本身的意思，還是我們自己的意思，其實就很難判斷了。可是，無論如何，這畢竟也是一種獲得親人想法的不得已的方法。

從上述這兩種方法的分析，我們認為最好還是採取第一種方法。如果時間來不及，或者情況不允許，那麼我們也只有採取第二種方法了。只是採取第二種方法時，我們有一些需要注意的事情。關於這些事情，我們在下面提供進一步的說明：

第一、當親人剛剛進入死亡狀態時，我們可以先問親人他的想法如何？是要我們哭，還是不要我們哭？通過擲筊的過程，我們可以確認親人的決定。

第二、如果親人決定要我們哭，但是我們實在哭不出來，這時我們需要和親人做進一步的溝通，讓親人知道我們不是不哭，而是一時之間哭不出來，請親人務必諒解。同樣地，如果親人決定要我們不哭，但是我們實在很想哭，這時我們一樣需要和親人做進一步的溝通，讓親人知道不是我們想哭，而是一時之間控制不住，請親人務必諒解。

第三、當我們配合親人的需要表現自己的孝順時，需要提醒親人，這一切的作為只是為了讓他安心，請他務必及早離去，去到他想去的地方，這樣我們也才能放心，好好地繼續過自己的生活。

通過上述的說明，我們知道有一天當我們面對親人的死亡時，到底是哭好還是不哭好。對於這個問題，我們可以超越禮俗與宗教的衝突，找到一個較為合適的答案，讓我們無論哭或不哭，都能做得無所罣礙。

習題

一、請舉例說明因病臨終問題的應對方法。

二、請舉例說明從醫院返家臨終問題的應對方法。

三、請舉例說明解決善終問題的應對方法。

四、請舉例說明解決臨終哭不哭問題的應對方法。

案例

老吳是個孝子，平常非常孝順父親，對於父親所交代的事情，一向是使命必達。有一天，他陪父親去做體檢。幾天後，體檢結果出爐，發現父親已經罹患肺癌末期。在經過幾天的掙扎之後，父親決定住院治療。沒有多久，父親覺得自己無法忍受這種治療的痛苦，於是，希望能夠轉往安寧病房，接受安寧緩和醫療的照顧。原先，老吳不是很贊成這樣的決定，認為只要不斷治療，一定會有希望的。但是，在看到父親痛苦的遭遇以後，他只好勉強接受。就這樣，父親到了安寧病房繼續接受照顧，老吳也一直陪在身邊。

有一天，老吳發現父親的情況似乎不太對勁。本來，他以為父親應該已經進入彌留狀態。沒想到，突然間父親的精神似乎開始好轉。這時，父親跟他說了很多話，希望他早一點結婚生子。這樣子，他未來回去面見祖先也可以有個交代。此外，父親也希望將來臨終時可以死在家中。原先，老吳也不以為意，認為應該是病情好轉的跡象。可是，後來他愈聽愈不對勁。因為，父親一直反反覆覆地說著同樣的話。老吳記得以前有個同事曾經告訴過他，如果有人出現這樣的現象，那麼這個人可能已經進入臨終的狀態。所以，老吳在回想起這段說法以後，內心就更加忐忑不安，不知父親是否也進入回光返照的階段？

過沒幾天，老吳發現父親似乎已經進入彌留狀態。這時，他想到父親前兩天的交代，希望能夠回家臨終。但是，看看父親現在的狀況，似乎十分虛弱。如果現在讓父親回家，那麼父親虛弱的身體不知是否可以受得了；如果不讓父親回家，那麼就沒有完成父親的心願。就這樣，老吳反反覆覆地思量，一直沒有辦法做決定。最後，當老吳決定要讓父親返家俟終時，他發現父親已經去世了。

對老吳而言，他覺得非常後悔。早知道會這樣，他應該早一點決定才對。無論如何，回家俟終對父親都是很重要的。問題是，現在父親已經走了，他該怎麼做才好？難道父親就沒有機會善終了嗎？他愈想愈難過，決定請教他的師父，看這件事情應該怎麼處理較好。經過電話往返，他的師父告訴他，只要他的父親可以按照他的方法去做，那麼最後一定可以獲得善終。這些方法就是：第一、他的師父要他告訴他的父親承認自己死亡的事實；第二、要他父親確認自己這一生過得是否值得；第三、要他父親觀想家中的祖先與神明，彷彿祂們就在父親的眼前；第四、要將自己這一生的價值告訴祖先與神明，請求祂們的肯定；第五、要父親請求祖先與神明的指引，讓他可以順利抵達彼岸。

在經過這些方法的協助後，當天晚上，老吳就夢見他的父親來跟他道別，告訴他說他現在很好。同時，希望他可以代他向老吳的師父致謝。未來，希望老吳可以好好地活下去，不要讓他在另外一個世界為他操心。在醒來以後，老吳牢記父親的交代，決定好好過完自己的一生。

註釋

1 請參見鍾昌宏編著，《安寧療護暨緩和醫學——簡要理論與實踐》（台北：財團法人中華民國安寧照顧基金會，1999年7月），頁9-11。

2 請參見尉遲淦著，〈現代人的善終問題〉。2008年倫理思想與道德關懷學術研討會：生死的面對與超越（台北：淡江大學通識與核心課程中心，2008年5月9日），頁16。

3 請參見尉遲淦著，〈現代人的善終問題〉。2008年倫理思想與道德關懷學術研討會：生死的面對與超越（台北：淡江大學通識與核心課程中心，2008年5月9日），頁13-14。

4 請參見尉遲淦著，《禮儀師與生死尊嚴》（台北：五南，2003年1月），頁37-38。

5 請參見楊炯山著，《喪葬禮儀》（新竹：竹林書局，1998年3月），頁26。

6 請參見徐福全著，《台灣民間傳統喪葬儀節研究》（台北：徐福全，1999年3月），頁34-35。

7 通常透天厝的房子，由於住家不是在一樓就是在二樓，如果我們將神明與祖先供奉在住家之下，感覺似乎對祂們非常不敬。所以，為了表示我們的虔誠與敬意，只好將祂們供奉在最高的樓層。

8 請參見尉遲淦著，〈試論儒家的靈性關懷〉，收於鄭曉江、鈕則誠主編，《解讀生死》（北京：社會科學文獻，2005年11月），頁190-191。

9 請參見J. William Worden著，李開敏、林方皓、張玉仕、葛書倫譯，《悲傷輔導與悲傷治療》（台北：心理，1999年11月），頁13-14。

第九章 臨終關懷的未來趨勢

第一節　從生前善終到死後善終

過去，我們對於善終的觀念有一定的想法，認為一個人如果想要善終，那麼這個人就必須滿足一些條件，否則就不能算是善終。那麼，這些條件包括什麼呢？根據傳統禮俗的說法，這些條件包括時間方面的要求、空間方面的要求以及內容方面的要求。

其中，關於時間方面的要求，傳統禮俗認為人一定要活到六十歲，才算是滿足時間方面的要求，也就是壽終，死得其時。同樣地，關於空間方面的要求，傳統禮俗認為人一定要死於家中的正廳，才算是滿足空間方面的要求，也就是正寢，死得其所。至於內容方面的要求，傳統禮俗認為人一定要無病無痛的離開人世，才算是滿足內容方面的要求，也就是自然死亡。

只有當我們同時滿足了上述這三個條件，傳統禮俗才會認為我們已經得到善終。否則，無論我們缺少的條件是哪一個，只要缺少了一個，那麼傳統禮俗就會認為我們沒有得到善終。

那麼，為什麼傳統禮俗會認為只要滿足這三個條件就是善終呢？根據我們的瞭解，傳統禮俗之所以做這樣的認定是有其理由的。以下，我們分別給予說明：

第一、就時間方面來說，傳統禮俗之所以認為一個人要活到六十歲才算是壽終，一方面是來自血緣傳承上的要求，認為一個人只要能活到六十歲，那麼他的後代子孫至少已經傳了兩代，就算發生什麼意外，總不至於三代全部滅絕，這樣他的血緣傳承任務就可以了了，而不會再有什麼問題發生；另一方面是來自於天地的要求，認為一個人只要能夠活到六十歲，那麼他就滿足天地一循環的要求，這樣他生存於天地之間，就不會出現對不起天地的問題[1]。

第二、就空間方面來說，傳統禮俗之所以認為一個人要死於家中正廳才算是正寢，主要來自於古人對於家的依賴。如果沒有家的庇護，那麼古人就很難獨立生存在人間。因此，當一個人要死的時候，他必須選擇一個能夠讓他安心的地方。對他而言，這個地方就是家。不過，只是死於家中還不能算是善終。真正要死得善終，還必須看死在家中的哪裡。

如果是死在家中的其他地方，這樣的死也不能算是善終。因為，這些地方在家中的功能都和死亡無關。例如像臥室的設置，它所要求的功能就是為了睡覺用的。在家中唯一具有死亡功能的地方，除了正廳就沒有別的地方。古人對於空間的利用之所以採取這樣的設計方式，是因為他們認為正廳的部分具有神明與祖先的牌位，象徵整個家族傳承的中心。所以，一個人只要死於正寢，就表示他已經完成傳承的任務，當然他就可以算是善終。

第三、就內容方面來說，傳統禮俗之所以認為一個人要死得自然才能算是善終，是因為古人認為人的死亡也是天地的一環。既然是天地的一環，那麼最完美的方式就是仿效天地的作為。對古人而言，仿效天地的作為就是像天地那樣的自然。在此，所謂的自然指的不是別的，而是一切正常，既沒有意外，也沒有病痛。唯有如此，我們的死亡才能算是得到天地的祝福，也才能算是善終[2]。

在瞭解傳統禮俗對於善終的規範之後，我們發現一個問題，那就是凡是不是壽終正寢的，不是自然死亡的那些人，不就沒有善終了嗎？對於他們，如果我們允許他們處於沒有善終的狀態，那麼他們不是很可憐嗎？當然我們不是不知道，古人對於這些人會認為他們是自作自受，誰叫他們生前不好好地善盡本分？可是，我們也很清楚，有時候他們不是不想善盡本分，而是無能為力。

例如要不要有後代，有時不是自己可以決定的，而是受制於生理條件[3]。這時，在知識與技術條件的雙重限制下，我們如果勉強要一個人負責，那麼這種負責的要求不是太強人所難了嗎？為了公平對待所有的人，讓每個人都有善終的機會，我們似乎應該尋求其他的補救之道。

對傳統禮俗而言，這樣的補救之道不是讓沒有善終的人直接變成善終，而是透過一些道德或宗教的作法，讓沒有善終的人可以得到某種程度的寬恕或諒解。例如對於生病而死的人，我們可以透過做藥懺的法事，幫助亡者超渡。這種超渡的作法，實際上並沒有改變亡者死於疾病的事實，只是藉著超渡的法事，讓亡者清楚他所遭受到的懲罰已經解除。由此可見，這樣的補救之道只著重於事後罪惡感的化解，對於當事人想要獲得善終的希望完全沒有幫助。那麼，我們要怎麼做才能對臨終者的善終希望有所幫助呢？

就安寧緩和醫療的臨終關懷而言，這種補救之道是可以有的。只是這樣的補救之道不能放在死後，而必須放在生前。如果像傳統禮俗那樣放在死後，那麼這樣的補救是沒有用的。假如我們真的想要幫助臨終者獲得善終，那麼唯一能夠幫忙的時機，就是在事實發生之前。換句話說，就是在臨終者還沒有失去善終機會之前，幫助臨終者獲得善終。因此，對於罹病的臨終者，安寧緩和醫療就設法幫助他們控制疼痛，讓他們覺得即使有病，也不會因為病痛而認為自己活得不好。透過這種方式，安寧緩和醫療幫助臨終者化解病痛的困擾，讓他們覺得就算沒有辦法擺脫疾病的糾纏，也能獲得某種意義的善終。

可是，這種意義的善終夠嗎？對病人而言，病痛的控制固然重要，疾病的化解更加重要。如果我們只是化解病痛的問題，而沒有化解疾病的問題，那麼就算我們可以獲得善終，這種善終也只是生理的善終，而不是精神的善終。因為，對病人而言，疾病才是造成他們無法善終的主因，病痛只是附帶的效果而已。因此，我們需要進一步化解疾病的問題。就安寧緩和醫療而言，對於疾病的問題可以從宗教的角度加以化解。

關於這種化解的方式，一般不是把疾病當成懲罰來看，就是把疾病當成考驗來看。如果我們把疾病當成懲罰來看，那麼死亡就是懲罰的終結，這樣子，當死亡來臨時，病人就有善終的可能。不過，我們一般都不會這樣看。相反地，我們會認為這樣的懲罰代表他不可能擁有善終，如果我們把疾病當成考驗來看，那麼只要他接受考驗，通過考驗，不要因此而怨天尤人，那麼他就會有善終的可能。

這麼說來，安寧緩和醫療是否已經完美無缺地處理了無法善終的問題？表面看來，答案似乎如此。不過，我們只要多思考一些，就會發現這裡是有問題的。因為，對於疾病的問題，安寧緩和醫療就處理得不夠[4]。至於不是疾病的問題，像意外的問題，安寧緩和醫療就完全沒有處理了[5]。所以，如果我們希望幫助所有的臨終者，讓他們有機會獲得善終。那麼，我們就必須超越安寧緩和醫療的臨終關懷，從更完整與更深入的角度切入。

那麼，這種更完整、更深入的角度是什麼？對我們而言，這個角度就是殯葬臨終關懷的角度。只有透過這個角度，我們才能把疾病以外的問題帶進臨終關懷當中。同時，也只有透過這個角度，我們才能把死後善終的機會帶進臨終關懷的領域。換句話說，人的善終不只是生前的善終，也可以是死後的善終。例如上述有關意外死亡的部分，如果我們只是強調生前的善終，那麼這些人將永遠沒有機會獲得善終。因為，他們根本沒有機會面對他們的死亡。相反地，如果我們的善終也包含了死後的善終，那麼對於那些生前無法獲得善終的人，我們就可以藉著死後的協助，讓他們化解生前的不幸，使他們也有機會獲得善終[6]。由此可見，殯葬臨終關懷才是最完整、最深入的臨終關懷。

既然如此，這就表示這樣的臨終關懷是我們最需要的臨終關懷。因為，對我們而言，我們雖然已經慢慢擺脫死亡禁忌的束縛，但是對於死亡還沒有全然的了悟，因此在生前未必有機會獲得善終。如果有一種臨終關懷可以在死後幫助我們獲得善終，那麼這種臨終關懷就是最能幫助我們完成善終心願的臨終關懷，也就是最符合我們需要的臨終關懷。所以，對我們而言，除了這種臨終關懷，我們還能找到什麼更合適的臨終關懷呢？

第二節　從傳統禮俗到殯葬自主

除了上述善終觀念改造的趨勢外，殯葬臨終關懷還有另外一個趨勢，這個趨勢就是殯葬自主意識的落實。過去，我們在辦喪事的時候，原則上都是根據傳統禮俗來辦的。為什麼我們會根據傳統禮俗來辦？最主要的理由是，我們對於死亡沒有經驗，如果我們不按照傳統禮俗來辦，那麼就沒有可以依憑的經驗。但是，我們又很在意喪事辦得好不好的問題，認為喪事辦得不好等於亡者死得不好，表示家人不孝順。因此，為了避免他人說話、讓亡者可以死得好一點，我們只好根據傳統禮俗來辦喪事[7]。

表面來看，過去這樣的想法並沒有錯。因為我們確實對於死亡沒有經驗，也不知道哪一種辦喪事的方式較好，在沒有什麼東西可以憑藉的情況下，我們選擇唯一可以參考的傳統禮俗作為辦喪事的依據，其實並沒有錯。倘若我們不採取這樣的作法，那麼還有什麼東西可以依憑呢？所以，站在想辦好喪事卻又沒有東西可以憑藉的考慮上，我們只好根據傳統禮俗來辦喪事。可是，這樣做的結果是否真的解決了辦好喪事的要求呢？對我們而言，這樣的問題的確需要進一步的思考。如果我們沒有做這樣的思考，只是一味地按照過去的方式處理，萬一情況不像我們所想的那樣，那麼亡者不就失去了好好離開的機會嗎？換句話說，也就是失去了死得善終的機會。

為了讓亡者有機會死得善終，我們需要進一步反省這個問題。那麼，我們怎麼知道傳統禮俗是否可以妥善處理亡者的喪事？如果站在經驗回饋的立場，說真的，我們不知道。因為，從來沒有亡者在經過傳統禮俗的處理之後回來告訴我們，這樣的處理究竟是好還是不好。既然如此，這就表示我們不能從經驗回饋的角度判斷這個問題。倘若我們不能從這個角度切入，那麼還有什麼角度可以切入呢？對我們而言，這個可以切入的角度就是發生學的角度，也就是起源學的角度。因為，只有這個角度才能夠將我們帶回到過去，讓我們重新瞭解傳統禮俗過去是怎麼出現的。一旦我們瞭解了傳統禮俗出現的原由，就可以判斷這套禮俗現在是否還適合我們。

那麼，傳統禮俗是怎麼出現的呢？根據我們的瞭解，這套禮俗是經過了很長的時間演變，後來到了周朝的時代，在周公的手中才得到定案的。不過，得到定案是一回事，本質的確立則是另外一回事。一般而言，我們都知道這套禮俗的本質定位是來自於孔子的道德定位。但是，只有這樣的定位還不夠，我們還需要從起源學的角度做進一步的補充。關於這種起源學的補充，則是孟子對於殯葬起源的道德說明[8]。經過孔子與孟子的努力，這套禮俗終於確定了道德的方向。

在道德方向的引導下，傳統禮俗認為家中的長輩去世以後，他的家人必須要為他守孝。那麼，他的家人要怎麼守孝才算是盡孝呢？對傳統禮俗而言，一個人要為家人盡孝的方式，就是要能夠完成傳承的任務。可是，我們要怎麼做才算是完成傳承的任務呢？對於這個問題，我們可以從兩個方面來看：第一、我們要協助亡者完成他自己的傳承責任；第二、我們要善盡本分地完成自己的傳承責任。只有在完成這兩方面的傳承責任之後，我們才能算是盡孝。所以，生命傳承責任的完成是整個傳統禮俗的核心任務。

根據這樣的任務，傳統禮俗進一步在農業社會的背景下規範相關的內容。例如基於對農業社會家人情感緊密關係的瞭解，傳統禮俗認為只有經過長時間的療傷止痛，家人的情感才能適應沒有亡者的歲月，也才有恢復正常的可能。因此，傳統禮俗才會規定辦喪事要辦到做三年，甚至於禫，才算是圓滿。如果沒有那麼長的時間來做調適，那麼亡者與家人的情感問題就很難得到解決。這麼一來，亡者就無法安心地離開人世，家人也無法好好地在人世繼續存活。同樣地，為了安頓亡者的身心，讓亡者覺得自己即使死了，也還是家中的一員。傳統禮俗就設計了返主的儀式，讓家中長輩在死亡之後，認為就算自己的遺體已經遭到埋葬，自己的靈魂還是可以隨著神主牌位回到家中，透過合爐的方式重新成為家中祖先的一員。

對我們而言，上述所舉的例子在在都說明一個重點，那就是無論傳統禮俗要解決的是什麼問題，這些解決的方式都要立基於當時的社會背景。如果沒有這些社會背景，那麼不但要解決的問題可能會有所不同，連解決的方式也會出現很大的差異性。既然如此，這就表示傳統禮俗的出現無法脫離時空背景的因素。如果這樣的判斷是正確的話，那麼當時空背景因素改變，傳統禮俗的內容自然也會跟著改變。現在，我們所處的社會不再是過去的農業社會，而是工商資訊的社會。那麼，在這樣的社會當中，我們所需要的禮俗就不能只是過去的傳統禮俗，而必須根據現在社會的需求重新調整出一套相應的禮俗。

可是，這樣的禮俗要怎麼調整出來呢？如果我們只是根據社會現存的型態做調整，那麼這樣調整的結果未必就是我們想要的禮俗。除非我們的調整可以跳脫社會的影響，從個人的需求著手，否則很難調整出適合我們自己需要的禮俗。因此，我們在調整禮俗時必須從個人的需求著手。問題是，我們要怎麼調整才能符合這樣的要求呢？對於這個問題，我們認為可以從過去的經驗反省起。

過去，我們認為社會的需求就是亡者的需求。因此，我們用禮俗來為亡者辦喪事，認為這樣辦的結果就可以滿足亡者的需求。可是，現在情況有所不同。對亡者而言，他不認為社會的需求就是他的需求。所以，用禮俗來為他辦喪事的作法，只會讓他覺得自己好像死得很像別人，而不是自己。這麼一來，他就沒有辦法死得很好，自然也就失去死得善終的機會。如果要讓亡者覺得這場喪事是為他而辦，可以讓他死得善終，那麼這場喪事必須根據他的意願來辦[9]。為了達成這個目的，我們必須在亡者還活著的時候詢問他的意願，瞭解他的需求，看他希望擁有哪一種內容的喪事。唯有如此，他才能在死亡之後擁有死得善終的機會。

關於這種在生前就設法瞭解亡者意願、想法與喪事內容的作法，嚴格來說，就是一種臨終關懷的作法。只是這種臨終關懷的作法不是一般臨終關懷的作法，而是殯葬臨終關懷的作法。只有在這種作法的關懷下，臨終者不但可以按照自己的想法表達對於自己身後事的要求，還可以藉著這種關懷確實實現自己的殯葬自主權，讓自己可以死得就是自己。對我們而言，這種想要死得自己而不是禮俗的殯葬自主趨勢，就是我們殯葬臨終關懷想要實現的主要趨勢之一。

第三節　從死後服務到生前服務

在討論過從禮俗到殯葬自主的趨勢之後，我們進一步討論從死後服務到生前服務的趨勢。對我們而言，殯葬服務通常所提供的服務都是死後服務。如果有人不想提供這樣的服務，而希望將服務提前，成為生前的服務，那麼這樣的提前不但不會成功，還會受到家屬的拒斥。為什麼會有這樣的現象發生？這是因為死亡禁忌的結果。對家屬而言，殯葬業者的提早出現並不會令他們覺得喜悅。相反地，反而會讓他們覺得憤怒。因為，他們會認為這樣的出現是一種不吉利的徵兆，象徵他們的親人即將死亡。所以，在這種死亡禁忌的影響下，他們寧可接受死後的服務，也不肯接受生前的服務。

問題是，他們不想接受生前服務是一回事，需不需要生前服務則是另外一回事。對他們而言，他們之所以不想接受生前服務，不是因為他們不需要生前服務，而是他們在意死亡的禁忌，認為接受生前服務就等於接受死亡的來臨。可是，這樣的認定有沒有問題呢？根據我們的瞭解，這樣的認定是有問題的。因為，一個人會不會死，不在於他有沒有看到殯葬業者，而在於他自己的生命狀態。

如果他的生命已經接近尾聲，即使沒有看到殯葬業者，他的生命還是要結束。相反地，如果他的生命還沒有接近尾聲，就算看到了殯葬業者，他的生命也不會結束。由此可見，他的生命會不會結束，其實和殯葬業者無關，而是和他自己的生命狀態有關。

既然如此，這就表示死亡禁忌並不像一般人所想那樣可怕。實際上，可怕的不是死亡禁忌，而是相信死亡禁忌的人。本來死亡禁忌的出現，目的不在於讓我們規避死亡，而是要我們審慎面對生命。例如在參加喪禮之後，我們通常都會接受喪家給的毛巾作為回禮。表面看來，這樣的回禮是要祝福參加者，讓他可以斷絕他和死亡的關聯。實際上，這樣的回禮主要是要參加者自己小心，不要任意輕忽生命，讓生命陷入死亡的困境之中。可是，後來的人沒有弄清楚死亡禁忌的原意，只是捕捉到死亡禁忌的結果，就誤以為死亡禁忌是要人逃避死亡的。如此一來，該注意的死亡問題反而被忽略了，不該注意的死亡結果反而成為眾所矚目的焦點，使得死亡問題沒有辦法得到應有的重視。

對我們而言，這種忽視死亡問題的結果，就是讓我們失去獲得善終的機會。因為，如果我們受制於死亡的禁忌，那麼在生前就沒有辦法瞭解死亡的問題。一旦死亡來臨，我們自然就沒有能力面對，更不要說解決死亡的問題。這麼一來，我們自然就沒有辦法獲得善終。例如一個人根本就不知道所謂的善終是必須滿足死得其時、死得其所及自然死亡的條件，那麼當他面對死亡時，他就不可能自覺地滿足這三個條件而獲得善終。相反地，他可能在知道善終必須具備這三個條件時，已經沒有時間再去滿足這三個條件。所以，對於一個想要獲得善終的人而言，如果他真的想要善終，那麼他不但要在死亡之前先瞭解所謂的死亡問題為何，還要知道這些問題的解決方法[10]。這樣子，他才有機會獲得善終。

那麼，一個人要怎麼樣才能獲得善終呢？對我們而言，過去想要獲得善終是很難的。因為，我們對於殯葬服務的認識停留在死後服務上。現在，我們想要獲得善終的機會來了。因為，我們對於殯葬服務的認識已經提前到生前服務。例如生前契約的出現，就是一個生前服務的例子。不過，只有這個例子是不夠的。因為，生前契約告訴我們的只是生前服務的事實，而不是生前服務的內容。通常，當一個人購買生前契約以後，他所獲得的生前服務只是一張制式化的禮俗服務，而沒有其他服務。可是，對於購買生前契約的人而言，他希望購買到的不只是喪事的處理，還有死亡的面對與解決。因此，在這種需求的落差上，我們感覺到的不是生前契約的真正好處，而只是提前將死後服務委託出去而已。那麼，我們要怎麼做才能將生前契約的真正用意實踐出來？

根據我們的瞭解，要實踐生前契約的真正用意，唯有透過殯葬臨終關懷才有可能。為什麼我們會這麼說呢？最主要的理由在於，一般的生前契約雖然也有提供臨終關懷的服務，但是這種服務的重點侷限在喪禮應準備的物品上、有關死亡法律所需的文件上，以及相關遺產的法律諮詢上[11]。至於個人面對死亡所產生的身心靈的問題，一般的生前契約就不處理了。可是，對於臨終者而言，這些問題才是他關懷的重點。因為，只有這些問題得到妥適的處理，他才有機會獲得善終。否則，無論上述生前契約所提供的諮詢有多周全，他還是一樣無法得到善終。由此可見，現有的生前契約對於善終的準備是不夠的。

當然，有人可能會提出另外的看法，認為現有的生前契約提供的服務不只是這樣。例如對於因病死亡的人，在死亡剛剛發生時，他們也提供臨終關懷的服務，讓亡者知道他的死亡原因已經消失了，不用再擔心疾病的困擾。然而，這樣的作法並沒有真正化解死亡的困擾，只是一種主觀的安慰，希望亡者真的誤以為自己的病已經好了。實際上，我們都很清楚亡者是死於疾病的原因，而且疾病也沒有好。所以，上述的異議並沒有辦法改變生前契約服務不足的問題。如果我們真的認為生前服務是必要的，覺得生前服務才能帶來臨終者善終的機會，那麼就必須跳脫生前契約的限制，從殯葬臨終關懷的角度提供相關的服務。

那麼，殯葬臨終關懷可以提供什麼樣的服務？根據我們的瞭解，殯葬臨終關懷不是殯葬服務以外的另外一種服務，而是殯葬服務的前端服務。當一個人開始意識到他即將面對死亡時，他就可以藉著殯葬的臨終關懷得到這樣的服務。在這服務當中，他知道人在面對死亡時獲得善終的重要性。如果他覺得他想要獲得善終，那麼殯葬臨終關懷就會告訴他什麼叫做善終，以及如何獲得善終的方法。倘若他認為他已經沒有機會獲得生前的善終，那麼殯葬臨終關懷也會告訴他如何獲得死後的善終。

就是這種多重善終機會的提供，讓殯葬臨終關懷對於生前契約有了更進一步的構想，認為真正的生前契約不是現有制式化的契約，而是按照個人意願構思的生前預約。只有這樣的生前預約，我們才能針對臨終者的狀況提供相應的善終協助。如果不是這樣，那麼就算我們對於臨終者再提供什麼樣的協助，這樣的協助也沒有辦法幫他們獲得善終。

因此，在殯葬臨終關懷的拓展下，殯葬服務不再侷限於死後服務的範圍，而擴大到生前服務的部分，讓殯葬服務不僅可以滿足亡者的需求，也可以滿足臨終者的需求。對我們而言，這種拓展的結果對於殯葬服務可以產生兩方面的效應：第一方面就是提升殯葬服務的形象，讓一般人知道所謂的殯葬服務不只是制式的服務，也可以是滿足個人自主需求的服務；第二方面就是喚醒個人的善終需求，讓每個人都有機會面對自己的生死，圓滿自己的生死，獲得自己的善終。從這兩方面來看，殯葬臨終關懷就是我們所需要的臨終關懷，也是未來關心生死的人特別需要的臨終關懷。

習題

一、請簡單說明殯葬臨終關懷如何從生前的善終發展出死後善終。

二、請簡單說明殯葬臨終關懷如何從禮俗安排發展出自主安排。

三、請簡單說明殯葬臨終關懷如何從死後服務發展出生前服務。

四、請舉例說明人如何獲得死後善終。

案例

小朱剛剛結婚不久，和新婚的妻子可謂是如膠似漆。他們常常結伴出遊，不是前往台灣的風景名勝遊玩，就是前往國外的風景名勝遊玩，過著只羨鴛鴦不羨仙的生活。到了第二年，小朱的太太就傳出了懷孕的消息。於是，小朱更加體貼他太太，擔心她受寒挨餓，照顧得無微不至。就這樣，他們終於等到要生的那一天。當天早上，小朱太太還不知道自己要生了，仍然像往常那樣送小朱出門。在小朱上班不久，小朱太太就覺得情況不對。只好趕緊通知小朱，要小朱陪她前往醫院。

在到醫院途中，小朱就告訴他太太要她放鬆心情。只要生完孩子，等孩子稍微長大可以外出時，他一定會帶著他們母子到日本北海道去玩，慶祝新家庭的誕生。說著說著，他們就到了醫院。醫生一看，就知道快要生了。於是，趕緊將小朱的太太推入產房準備接生。這時，小朱和他的太太都懷抱著一顆緊張的心，等候接下來的過程。沒想到，生產的結果，小朱的孩子雖然順利生出來了，但是小朱的太太並沒有因此順利過關。相反地，她在生產過程中難產死了。對於小朱而言，這樣的結局讓他覺得很傷心。但是，新生的孩子等著他去照顧。所以，他只好一方面聯絡殯葬業者，將自已太太的喪事交給殯葬業者來辦；一方面在悲傷中獨自帶著孩子回家。

回到家中之後，不久殯葬業者就前來與他洽談，想知道他對他太太的喪事有什麼樣的想法。在洽談的過程中，他偶爾提到生孩子前對太太的承諾，如今這樣的承諾永遠都沒有兑現的可能，讓他覺得非常遺憾。對小朱而言，他之所以提到這樣的承諾，只是一時情緒波動的結果。可是，對前往洽談的殯葬業者而言，她認為這是一個非常令人難過的事情。於是，在回到公司之後，她就想如何幫他們圓這個夢。根據過去的經驗，她知道如果只是拘泥於傳統禮俗的作法，那麼要圓這樣的夢是不可能的。倘若她要幫忙圓這個夢，那麼她就不能受到傳統禮俗的限制。經過反覆思索的結果，她終於想到突破的點子。

等到出殯的那一天，當公奠進行完祭文的部分，司儀特別加上一個獻照片的儀式，讓殯葬業者有機會將這張全家合成照片獻給小朱。同時，也讓小朱將這張合成照片獻給他的太太，讓他們一家人可以了卻前往日本北海道遊玩的心願。這時，全場的親友都很感動，認為這樣的設計是很貼心的，也才知道原來殯葬處理不是一種絕望的處理，而是一種希望的處理。只要幫忙處理的殯葬業者心思夠細密，想法夠開放，那麼有關的心願是可以在死後的處理當中得到實現。當然，小朱以及他太太，還有小孩，也都在這樣的安排中了了前往日本北海道的心願。

註釋

[1] 請參見尉遲淦著，〈現代人的善終問題〉。2008年倫理思想與道德關懷學術研討會：生死的面對與超越（台北：淡江大學通識與核心課程中心，2008年5月9日），頁9。

[2] 請參見尉遲淦著，〈現代人的善終問題〉。2008年倫理思想與道德關懷學術研討會：生死的面對與超越（台北：淡江大學通識與核心課程中心，2008年5月9日），頁8。

[3] 例如當時生殖方面有缺陷的人，在缺乏今日生殖科技的協助下，是不可能有後代的。對他們而言，單純把責任歸給他們是不人道的。關於這個問題的進一步說明，請參見尉遲淦編著，《生命倫理》（台北：華都，2007年6月），頁47-70。

[4] 例如我們除了要強調一個人得到疾病的正常性之外，還要強調這些疾病只是自然的一部分，與個人的道德或宗教作為無關。

[5] 雖然有人會說安寧緩和醫療照顧的對象是重症的病人，而不是所有的人，但是在等同於臨終關懷的說法下，這樣的照顧方式就不能只限於重症的病人，否則其他人就沒有被照顧的機會。所以，安寧緩和醫療要不就自我設限，把自己限制在重症病人的範圍，要不就設法解決不屬於重症病人範圍內的其他人的善終問題。

[6] 請參見尉遲淦主編，《生死學概論》（台北：五南，2007年10月），頁179-181。

[7] 請參見鄭志明、尉遲淦著，《殯葬倫理與宗教》（台北：國立空中大學，2008年8月），頁69-70。

[8] 請參見鄭志明、尉遲淦著，《殯葬倫理與宗教》（台北：國立空中大學，2008年8月），頁52-53。

[9] 請參見鄭志明、尉遲淦著，《殯葬倫理與宗教》（台北：國立空中大學，2008年8月），頁71-72。

[10] 例如一位儒家信徒他要如何面對死亡，如何善終，是需要有一些死亡的認知與解決問題的方法。關於這個問題的說明，請參見尉遲淦著，〈試

論儒家的靈性關懷〉。收入鄭曉江、鈕則誠主編，《解讀生死》（北京：社會科學文獻，2005年11月），頁190-194。

11 請參見尉遲淦著，《禮儀師與生死尊嚴》（台北：五南，2003年1月），頁35-37。

參考文獻

J. William Worden著，李開敏、林方皓、張玉仕、葛書倫譯，《悲傷輔導與悲傷治療》（台北：心理，1999年11月）

林素英著，《古代生命禮儀中的生死觀——以〈禮記〉為主的現代詮釋》（台北：文津，1997年8月）

信願法師著，《生命的終極關懷》（台中：本院山彌陀講堂，2003年12月）

徐福全著，《台灣民間傳統喪葬儀節研究》（台北：徐福全，1999年3月）

徐福全著，〈台灣殯葬禮俗的過去、現在與未來〉。《社區發展季刊》第96期：臨終關懷與殯葬服務，2001年12月30日

尉遲淦著，《禮儀師與生死尊嚴》（台北：五南，2003年1月）

尉遲淦著，〈試比較佛教與基督宗教對超越生死的看法〉，《2003年全國關懷論文研討會論文集》（高雄：輔英科技大學人文與社會學院，2003年12月25日）

尉遲淦著，〈從生死尊嚴的角度省思安寧緩和醫療條例中的生死問題〉。醫事人文學與社會學研討會（高雄：輔英科技大學人文與社會學院，2004年5月20日）

尉遲淦著，〈試論儒家的靈性關懷〉。收入鄭曉江、鈕則誠主編，《解讀生死》（北京：社會科學文獻，2005年11月）

尉遲淦編著，《生命倫理》（台北：華都，2007年6月）

尉遲淦主編，《生死學概論》（台北：五南，2007年10月）

尉遲淦著，〈現代人的善終問題〉。2008年倫理思想與道德關懷學術研討會：生死的面對與超越（台北：淡江大學通識與核心課程中心，2008年5月9日）

鈕則誠、趙可式、胡文郁編著，《生死學》（台北：國立空中大學，2002年8月）

楊炯山著，《喪葬禮儀》（新竹：竹林書局，1998年3月）

鄭志明、尉遲淦著，《殯葬倫理與宗教》（台北：國立空中大學，2008年8月）

鍾昌宏編著，《安寧療護暨緩和醫學——簡要理論與實踐》（台北：財團法人中華民國安寧照顧基金會，1999年7月）

生命事業管理叢書 3

殯葬臨終關懷

作　　者／尉遲淦
出 版 者／威仕曼文化事業股份有限公司
發 行 人／葉忠賢
總 編 輯／閻富萍
執行編輯／李鳳三
地　　址／新北市深坑區北深路三段 260 號 8 樓
電　　話／(02)8662-6826
傳　　真／(02)2664-7633
網　　址／http://www.ycrc.com.tw
E-mail ／service@ycrc.com.tw
印　　刷／鼎易印刷事業股份有限公司
ISBN ／978-986-84317-9-9
初版一刷／2009 年 11 月
初版二刷／2013 年 2 月
定　　價／新台幣 300 元

國家圖書館出版品預行編目資料

殯葬臨終關懷 = Funeral terminal care / 尉遲淦著. -- 初版. -- 臺北縣深坑鄉:威仕曼文化, 2009.11

面； 公分. --（生命事業管理叢書；3）

ISBN 978-986-84317-9-9 (平裝)

1.殯葬業 2.生命終期照護

489.67 98019817

Note

Note